第二次世界大戦の「将軍」がよくわかる本

株式会社レッカ社 編著

PHP文庫

○本表紙図柄＝ロゼッタ・ストーン（大英博物館蔵）
○本表紙デザイン＋紋章＝上田晃郷

はじめに

「将軍」の良否が戦争の勝敗を決する

第二次世界大戦が終結して、半世紀以上の時が流れた現在でも、世界の構造はその結果を色濃く反映している。

軍事理論家カール・フォン・クラウゼヴィッツの著書『戦争論』に、「戦争とは他の手段をもってする政治の継続である」という有名な言葉があるが、戦争の終わり方によって、その後の世界情勢は決定付けられる。敗戦国は、戦勝国にすべての主導権を握られるのだ。

そんな国家の存亡も揺るがす戦争において、重要な役割を果たすのが、本書で取りあげる「将軍」という階級の人達だ。

戦争では、「犯したミスが少ないほうが勝つ」といわれるが、軍事的判断を行う「将軍」がより的確な選択することで勝利がもたらされる。そして、勝利の積み重ねこそが、最終的には戦争に勝利することに繋がるのだ。

もちろん、第一線で戦う兵士達のことも忘れてはならないが、個々の戦闘だけでは、戦略上の不利を覆すことは難しい。つまり戦争において、将軍の果たす役割はこのうえなく大きいのだ。

そして、数々の戦いで勝利を収めた将軍達は、国家に対して多大な貢献をした英雄となる。

これを機に、将軍という役割を与えられた人物達に興味をもっていただけると幸いだ。

株式会社レッカ社　斉藤秀夫

第二次世界大戦の「将軍」がよくわかる本——目次

CONTENTS

CONTENTS

PART 1

第二次世界大戦で もっとも有名な各国の将軍

将軍とは何か?

◎将軍とはどのような人達か

陸軍や空軍でいえば将軍、海軍でいえば提督といった呼称で括《くく》られる人達は、軍隊の中の限られたエリート階層である。陸軍なら師団（旅団・連隊・大隊などを統合した部隊）以上、海軍なら戦隊（同種の艦をまとめた艦隊）など、比較的規模の大きい部隊を指揮下に、命令を下す権限をもつ者達を指す。

国家の大事を司る軍隊において、階級がより上位の者ほど、その判断は結果に大きく影響し、責任も重い。たとえば、大会社の営業社員が過失で顧客の個人商店から取引を断たれてもリカバーできるが、社長が経営方針を誤れば会社は傾きかねないのと同じことである。

通常の場合、重大な責任を任せるに足るよう、必要な専門的教育を受けた人達で過誤なく勤務期間を経た者達のみが栄達しうる地位といってもいいだろう。

◎将軍の役割と限界

大局的な立場で軍隊という組織を運営する彼らは、平時においては戦力の充実と向上に努め、戦争となれば自国を勝利に導くために、前線での指揮、参謀、軍政とそれぞれの職分で人事を尽くすことを求められる。

しかし、将軍が能力を発揮できる範囲は、階級や部署によって制限を受け、その指揮範囲や職分から逸脱することはできない。彼らが能力を十全に発揮して活躍できるかは、ひとえに適材適所の人事が行われたかどうかによるのだ。たとえば、もっと性能のいい装備、戦意や錬度の高い部隊を増やしたくても、基本的には自由に部隊を編制できる裁量権がなく、上から与えられた装備と部隊でやりくりしなければならない。

将軍といえども各々の階級により程度の差はあれ、できることには限界があるのだ。

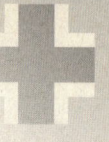

エルヴィン・ロンメル

「砂漠の狐」の異名をもつ世界屈指の野戦指揮官

◆一八九一年〜一九四四年　◆最終階級／元帥

陸軍
海軍
空軍

■第一次世界大戦で名指揮官の片鱗を見せる

エルヴィン・ロンメルは、ドイツのヴュルテンベルク州でロンメル家の次男として生まれ、数学教師だった父と同じファーストネームを名付けられた。

ロンメルは、機械に対する興味が旺盛で航空技術者となることを望んでいたが、父に教師か陸軍士官になることを迫られ、士官学校への入学を決意した。

一九一〇年七月、ロンメルはヴュルテンベルク王国の第一二四歩兵連隊へ士官候補生として入隊し、翌年三月からダンツィヒの士官学校に入学。一九一二年一月に卒業すると、少尉に任官した。一九一四年に第一次世界大戦が勃発すると、ロンメルは歩兵小隊長として西部戦線に参加。自軍の損害を最小限度に抑えつつ、戦力で勝る敵を撃破するという、彼の後年の戦闘スタイルにも繋がる手法をここで見せている。一九一七年には、ヴュルテンベルク山岳兵大隊の中隊長に就任し、ルーマニア戦線を経て、北イタリアのカポレットへ移動。ロンガローネの戦いでは、わずか

一個大隊で八千人ものイタリア兵を捕虜にする大戦果をあげ、プール・ル・メリット（通称ブルーマックス）章を受章。同時に大尉へと昇進した。

ロンメルは、第一次世界大戦終結後も大尉のまま陸軍で九年間を過ごし、一九二九年にドレスデンの歩兵学校教官となる。このころ執筆した『歩兵の攻撃』は、一九四五年までに四十万部以上が発行され、ベストセラーとなった。

■アドルフ・ヒトラーと出会い装甲師団長へ

一九三八年十月、ドイツ軍がズデーテンラントに進駐すると、ロンメルは総統司令部護衛隊長に就任した。このとき、アドルフ・ヒトラーが以前に読んでいたロンメルの著書を絶賛し、ふたりが急速に接近するきっかけとなった。

一九三九年に第二次世界大戦が勃発すると、ロンメルは総統司令部管理部長に任命され、対ポーランド戦でヒトラーに随行する。このときロンメルは、装甲師団の運用を間近で観察し、その秘められた戦略的な可能性を感じ取ると、ヒトラーに装甲師団長への転属を直訴した。ロンメルに指揮官として高い才能があると見ていたヒトラーは、ロンメルが政治的野心とは無縁であるのを見抜いていたこともあり、直訴を了承。ロンメルは、新設の第七師団長へ就任することになる。

要望を聞き入れられたロンメルは、三ヶ月という期間で戦車の性能はもちろんのこと、戦車戦術及び装甲師団の指揮要領まで完全にマスターしてしまう。

一九四〇年五月からはじまったフランス侵攻作戦において、彼の第七装甲師団はもっとも深くまで進撃。開戦からひと月の六月十日にサン・ヴァレリーを攻略すると、イギリス軍第五一歩兵師団をほぼ丸ごと捕虜にする戦果をあげ、その八日後にシェルブールを攻略して目的を達成。この戦いの功績により、中将へ昇進した。対フランス戦において、ロンメルは敵の無線傍受への対抗策や部隊の進撃陣形など、新たな部隊運用法や戦術を考案しているが、こうした傾向はのちの北アフリカ戦線でも生かされていくのである。

■北アフリカで活躍し「砂漠の狐」の異名を取る

このころ、北アフリカでは同盟国のイタリアが、イタリア領リビアからエジプトへの攻撃を開始したものの、逆にイギリス軍の反撃によって敗走を続けていた。ヒトラーは、このイタリア軍を支援するため北アフリカへの派兵を決定し、一九四一年二月にリビアのドイツ軍司令官として、ロンメルを指名したのである。

こうして北アフリカへ降り立ったロンメルは、腰を落ち着ける間もなく、翌月からイギリス軍への攻撃を開始する。

このとき、三個師団以上の兵力を有するイギリス軍に対し、ドイツ軍はわずか一個装甲師団にも満たない兵力だったが、ロンメルはイギリス軍の補給線が延びきっていること、連戦により兵士が疲弊していること、何よりイギリス軍上層部がドイツ軍の攻勢を予期していないことを見抜いていた。

砂漠の戦いで安定した戦線を確保するには、機動力に優れる装甲部隊を殲滅させるしかないと見抜いていたロンメルは、自軍の位置を悟られないよう巧みな偽装戦術を展開して敵を撹乱したほか、高射砲による対戦車陣地の活用や奇襲攻撃など、攻守に渡ってさまざまな戦法を駆使し、兵力に勝るイギリス軍を撃破していった。

また、ロンメルには以前から自ら最前線に立って指揮を執り、兵士達を視察してまわる習慣があったが、昇進してもこの点は変わらなかった。彼に対する前線の将校達の信頼は絶大で、実力以上の力を発揮したのである。

一九四二年六月、度重なるイギリス軍との戦闘を経て、ロンメルはイギリス軍の重要拠点であるトブルクの攻略に成功。彼の卓越した指揮ぶりは、敵のイギリス軍をして天才とまでいわしめ、「砂漠の狐」と呼ばれて恐れられた。また、ロンメルはこの功績により、元帥へ昇進する。この年の十月、ロンメルは連合軍の北アフリカ最後の砦エル・アラメインの攻略に乗り出した。しかし、ドイツにとって北アフリカが二義的な戦場だったため、ドイツ・アフリカ軍団は補給すら不足しがちな状況だった。

これに対し、連合軍側はアメリカが本格的に参戦したこともあり、新型を含む大量の戦車と大規模な航空戦力を投入し、巻き返しをはかった。

エル・アラメインの攻略に失敗したロンメルは、その後の連合軍による大規模な反撃を前に北アフリカでの敗北を確信し、数で勝る敵に多くの損害を与えつつ、チュニジアへ総退却した。一九四三年一月に全軍の退却を完了させたロンメルは、三月に北アフリカからの撤退を直訴するため帰国したが、ヒトラーはこれを却下したうえ、ロンメルに病気療養を命じて北アフリカへの帰還を許さなかった。

■ノルマンディー防衛の失敗と冤罪による死

一九四三年十一月以降、ロンメルは予想される連合軍の北フランス上陸作戦に備え、迎撃体制の準備をはじめる。彼は、連合軍の圧倒的な航空戦力に対抗するため、水際で敵を撃破するために障害物の設置を推進したが、装甲師団の運用法については、ほかの将校がロンメルの意見に懐疑的で、最後まで聞き入れられなかった。

一九四四年六月六日、連合軍のノルマンディー上陸作戦が実行された。夫人の誕生日を祝うためにドイツへ帰っていたロンメルは、ただちに現場へ帰還して各装甲師団を海岸へ急行させたが、連合軍に制空権を奪われ、迎撃は失敗に終わる。

同年七月、ヒトラー暗殺未遂事件が起きると、逮捕された容疑者の中にロンメルの参謀長ハンス・シュパイデルがいたため、ロンメルにも嫌疑が及ぶ。ヒトラーは、国民的英雄となっていたロンメルを処刑するわけにもいかず、ロンメルに服毒自殺を提案。十月十四日、彼はこれに従い、毒をあおって死亡した。十月十八日、真相の隠蔽《いんぺい》を画策したヒトラーの命令で、ロンメルの国葬が行われた。

山本五十六《やまもといそろく》

帝国海軍を航空主兵へと主導した偉大なる軍政家

◆一八八四年～一九四三年　◆最終階級／大将（戦死後、元帥）

陸軍
海軍
空軍

■賭け事で勝負勘を養う

大艦巨砲主義が幅を利かせる中、いち早く航空主兵論者となり、真珠湾攻撃の原案を発案した提督である。海外経験が豊富で開明的な軍人、対米非戦派としてもよく知られており、おそらく山本五十六は日本でもっとも高名な海軍軍人であろう。また彼は軍事に関すること以外にも興味深いエピソードを残している。それはモナコのカジノを出入り禁止になっていたことだ。なんと出入り禁止になったのは、彼でまだふたり目であった。

山本が博打好きで賭け事に強かったのは有名な話であるが、ただの博打好きではなかった。その博打に対するスタイルは、科学的に、また数学的に勝てるタイミングが来るのを周囲の冷たい視線に耐えながら何時間でも待つというものだった。自分の頭で合理的に考え、金を賭けることで勝負の重みが増すことなど、彼にとって賭け事はいわば一種の鍛錬ともいうべきものであった。

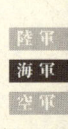

連合艦隊司令長官として、山本は「ハワイ作戦（真珠湾攻撃）」「ミッドウェー作戦」などを行ったが、彼の本分は軍政にあった。彼は作戦研究に終始していた軍令部のポストに就いたことはなく、常に航空本部などの軍政畑にあった。つまり、国家レベルで技術力、生産力に鑑《かんが》みて予算を配分し、軍備の計画を練る必要があるため、否が応でも、視野の広さを求められるポストであった。さらに幾度も海外に派遣され、新しい技術や海外の情報を生でつぶさに見てきた彼にとって、国力差があるアメリカとの戦争は必ず避けねばならないものであったのだろう。

しかし対米開戦は決定し、彼は実戦部隊のトップとして真珠湾攻撃を考えることになる。緒戦は大勝利の内に終わったが、ミッドウェーでの敗北以降は悪戦苦闘が続くこととなった。当時、彼は士気を高めるため、酷暑にもかかわらず、ただひとり南方で純白の第一種軍装をつけていたという。そして一九四三年四月十八日、前線視察に訪れる途上、彼を狙って待ち伏せていた敵機に襲撃され、戦死する。

■広い視野と先見性で航空戦力を整備する

彼の先見性を示すものとして、航空機の将来性に着目し、その発展と軍備化を主張したことがよくあげられる。それ以外にも、海軍大学教官時代には軍政を担当し、軍備にテーマを絞った講義をした際、「石油なくして海軍なし」（まだ軍艦燃料が石炭から石油へと変わる過渡期のことだった）などと説いており、航空機だけでなく彼が時代の趨勢《すうせい》をよく見極めていたことがよくわかる。

その時代の流れを的確に把握する力は、航空隊の拡充にもっとも活かされた。未だ技術的に発展途上だった航空戦力へ、大半の人間が懐疑的な眼差しを向けていた中、彼は粘り強く航空戦力の育成に尽力したのだった。それにより、精強な航空隊を帝国海軍にもたらすことに成功する。まさに軍政家としての優れた功績であった。

その後、対米戦を回避すべく枢軸同盟に猛反対するも空しく、アメリカとの戦争は避けがたい状況になった。一九三九年八月末、これまでの軍政畑から連合艦隊司令長官へ就任。そして、まともに戦っては勝ち目のないアメリカ戦への奇策、ハワイ作戦を立案し、戦史にその名を留めることとなる。

■立案者と実行者の間に溝が生じていた真珠湾攻撃

帝国海軍を牽引し、賢明にも早くから航空戦力の整備に尽力してきた山本であったが、惜しむらくは自分の考えと違う考えをもつ者達へ理解させる能力に欠けていた、もしくは理解させる気がなかったことである。

おもに彼の性格によるものと思われるが、たとえば真珠湾攻撃に反対していた南雲忠一がその作戦実行の指揮を執ることになったとき、山本は言葉を惜しみ、真珠湾攻撃の本質的な意図を理解させることをしなかった。実働部隊の指揮官である南雲は、反対意見を封じられて納得しないまま、出撃したのである。

つまり、立案者と実行者の間で乖離《かいり》が生じてしまっていたのだ。山本は開戦一日で奇襲効果を利用し、敵の戦力を徹底的に叩いて完全に戦意を喪失させることを狙っていたが、南雲は南方を攻略し長期自給の体制が整うまでの時間を稼ぐため、敵艦隊に一撃を加えたあとは速やかに離脱するという方針を出している。

山本は、作戦に対する認識の違いに気付いていたはずだが、是正しなかった。真珠湾で第二次攻撃を行わずに撤収する南雲艦隊へ督戦命令を出すようせがむ参謀に、山本は「南雲はやらないよ」と発言したことからもうかがえる。

戦争という国家の命運を賭けた状況下の司令官としては、少々投げやりな感は否めない。しかし、それでも遠路はるばる敵根拠地を突く、ハワイ作戦そのものは開戦初日で戦艦多数を撃破するという大戦果をあげたのであった。

■山本五十六個人の能力を恐れ、脅威に感じていたアメリカ

真珠湾攻撃後、ミッドウェーでの惨敗を経て、ガダルカナル島などで知られる南太平洋へと戦争の焦点は移った。激戦地となったソロモン海では敵味方多数の艦艇が沈み、まさに分水嶺《ぶんすいれい》ともいうべき時期であった。次第に苦戦の度合いが強くなり、ガダルカナルから撤退したあと、山本はトラックからラバウルへと司令部を進め、大規模な航空作戦（「い」号作戦）を行った。

一九四三年四月十三日、アメリカ海軍の情報分析班が、日本軍の無線を解読し

た結果、山本がラバウルから最前線ブーゲンビル島へ視察に出かけることはおろか、四月十八日の朝に到着することまでもが明らかにされていた。

そこで太平洋艦隊司令長官のチェスター・ニミッツは、アメリカ大統領フランクリン・ルーズベルトから山本襲撃の了解を得たのち、南太平洋地域司令官のウィリアム・ハルゼーへ作戦遂行を任せたのだった。そして当日朝、十六機がミッションに向かった。山本の護衛機はわずか六機しかおらず、数分の戦闘で彼の搭乗する一式陸攻は撃墜された。

近代以降の戦争において、大将の死亡が与える影響は低下しており、少なくとも近代化された軍隊が、大掛かりな作戦を組んでまで敵の大将個人を狙うということはまずありえない。それだけ山本個人の能力を恐れ、その存在の影響力は大きいとアメリカは感じていたのだ。さらにいえば、山本は真珠湾攻撃の立案者である。アメリカにとって彼は憎き大敵であり、山本戦死の報はこれに勝るものはない仇討ちととらえられて、アメリカ軍の戦意は大いに盛りあがった。逆に日本で山本の死を知った者は一様に落胆したのだった。

山本がもし生存していても戦局が好転することはなかったであろうが、その後のアメリカ軍による反攻に際し、少なくとも日本軍が混乱を来すことはなかったであろう。死後、彼は元帥府に列せられ、同盟国のドイツから剣付柏葉騎士十字章を授与された。外国人への剣付柏葉騎士十字章授与は山本ただひとりである。

エルヴィン・ロンメルを破った「エル・アラメインの英雄」

バーナード・モンゴメリー

◆一八八七年～一九七六年　◆最終階級／元帥

陸軍
海軍
空軍

■第二次世界大戦の緒戦で苦い敗北を味わう

第二次世界大戦におけるイギリス将軍と聞かれて、誰もが頭に浮かべる人物といえばバーナード・モンゴメリーではないだろうか。

モンゴメリーは、ドイツのエルヴィン・ロンメルやアメリカのジョージ・パットンのような、何かに傑出した派手さはないが、綿密な作戦を立案する手堅さには定評がある人物である。

モンゴメリーは、一八八七年にロンドンで英国国教会の宣教師の息子として生まれた。ロンドンのセント・ポール・スクールを卒業したあとに、サンドハースト王立陸軍士官学校へ入学。一九〇八年に卒業すると、王立ウォリックシャー連隊に歩兵中尉として配属された。この当時のイギリス陸軍士官には貴族の出身者が多い中、モンゴメリーのような存在はやや異色ともいえた。

そののち、モンゴメリーは、当時イギリスの植民地となっていた、イギリス領イ

ンド帝国で勤務することになる。一九一四年に第一次世界大戦が勃発すると、モンゴメリーもヨーロッパへ召喚され、フランスやベルギーで戦った。この年の十月に負傷したモンゴメリーは、帰国して療養生活を送るが、一九一六年に再び戦線へ復帰し、一九一八年には第四七ロンドン師団の参謀将校に就任。後方での勤務となった。

第一次世界大戦が終了したのちもモンゴメリーは軍に残り、一九二六年からキャンバレーで教官を務めた。一九三八年十月、大将に昇進したモンゴメリーは、イギリス占領下のパレスチナへ赴任。その後、当時イギリスの委任統治領となっていたトランスヨルダンへ配属となった。

一九三九年、第二次世界大戦が勃発すると、モンゴメリーは第二軍団の指揮官としてフランスへ派遣されたが、森林地帯を突破したドイツの装甲軍に背後へ回り込まれてしまい、パリへの退路を断たれたイギリス・フランス連合軍は、ダンケルクから撤退することになった。本国へ帰還したモンゴメリーは、一九四〇年七月に第五軍団司令官に就任。一九四一年には、第一二軍団司令官を経て、南東軍司令官に就任した。

■北アフリカ戦線でドイツ軍と激戦を展開

一九四〇年、イタリアがエジプトへ侵攻を開始したことから、北アフリカではイギリス軍とイタリア軍が交戦状態となった。イギリス軍は、装備が脆弱《ぜいじゃく》で士気も低いイタリア軍を叩くと、逆にイタリア領リビアへ侵攻をはじめるが、ドイツはイタリア軍支援のためにエルヴィン・ロンメル将軍を派遣。ドイツ軍が加わったことで、北アフリカの戦況は悪化の一途をたどり、一九四二年の七月には、エジプト最後の防衛戦ともいうべきエル・アラメインがドイツ軍の攻勢にさらされる。

この状況を憂慮したイギリスのウィンストン・チャーチル首相は、一九四二年八月に北アフリカに展開する第八軍の司令官として、クルード・オーキンレック大将にかわり、モンゴメリーを任命した。

先の七月のエル・アラメインへの攻勢は撃退したものの、早晩、再編制を果たしたドイツ軍が攻撃をかけてくることは明らかだった。幸い制空権は自軍にあり、八月末のドイツ軍の攻勢は大損害を与えて防衛に成功する。以降、戦線は膠着し、ドイツ軍は守勢に立った。モンゴメリーは十分な休止期間を利用し、反攻作戦に向け戦力増強に努める。こののち、モンゴメリーは大規模な偽装作戦を展開し、十月にドイツ軍への奇襲攻撃に成功。ロンメルが本国へ戻っていたこともあって、ドイツ・アフリカ軍団は大損害を被り、イギリス軍はドイツ軍陣地を次々と突破していった。

十一月にはアメリカ軍による北アフリカへの上陸作戦である「トーチ作戦」が実施され、北アフリカ軍団は大損害を被り、イギリス軍はドイツ軍陣地を次々と突破していった。

■ヨーロッパに戦場を移しジョージ・パットン将軍と張り合う

地中海南岸を奪取した連合軍は、ヨーロッパ本土へ上陸することを目標に、まずはシチリア島へ上陸するため「ハスキー作戦」の実行を決定した。この作戦では、北アフリカで参戦したばかりのアメリカ軍の錬度が懸念されたため、イギリス軍が主力を務めることになり、モンゴメリーがその指揮にあたった。

この作戦には、アメリカ第七軍を率いるパットン中将も参加したが、酒も煙草もやらないストイックな性格のモンゴメリーと、派手好みで豪放なパットン将軍とは折り合いが悪く以後、互いにライバル視するようになる。

この後、モンゴメリーはヨーロッパ本土への上陸作戦「オーバーロード作戦」を立案するために本国へ召喚された。この作戦の実行に先立ち、彼は第二一軍集団司令官に就任し、ヨーロッパでの戦闘における連合軍の布陣を指示している。

モンゴメリーは、上陸作戦ののちにアメリカ軍のドワイト・アイゼンハワーが連合軍総司令官となるまで、連合軍のすべての地上軍を統率していた。

しかし、上陸作戦における彼の指揮は、厳密すぎて想像力に欠けるとして、一部から批判されている。また、ドイツ軍の指揮官からは、「過度に用心深く常識にとらわれ過ぎる傾向があり、パットンほど危険な相手ではない」と見られていた。

ノルマンディーへの上陸作戦のあと、モンゴメリーはベルギーやオランダ方面に戦力を集中して、迅速にドイツへ進軍すべきと考えていたが、すべての戦線でドイツ軍を抑えこんでいこうと考えていたアイゼンハワーに反対されていた。

しかし、ドイツ軍の新兵器であるV2ロケットがイギリス本土へ撃ち込まれるようになったため、連合軍司令部も発射基地があると推測されるオランダ方面への進撃を決定し、この地域へ進軍するために不可欠な複数の橋を確保するため、空挺部隊を投入することになった。

こうして、イギリス第一空挺団による降下作戦でアイントホーフェン、ナイメーヘン、アーネムの橋を確保する「マーケット作戦」と、装甲部隊を主力とするイギリス第三〇軍団が国境を突破して空挺団と合流する「ガーデン作戦」が立案され、モンゴメリーが指揮にあたった。

しかし無線の故障や進撃の遅れ、作戦の意図を察知したドイツ軍の頑強な抵抗などにより、作戦は失敗に終わってしまったのである。

この作戦は、これまでモンゴメリーが立案してきた、綿密な計画と大兵力の投入による作戦の遂行というプランとは、明らかに異なるかなり大胆なものであった。にもかかわらず、モンゴメリーがこの作戦の遂行に強い意志を見せたのは、先の上陸作戦における周囲からの評価に対し、焦りもあったものと考えられる。戦後、モンゴメリーは初代アラメインの子爵となる。また、西欧同盟軍最高司令官会議議長や北大西洋条約機構（NATO）軍副司令官を務め、一九七六年に亡くなった。

ダグラス・マッカーサー

「蛙飛び作戦」を指揮し、日本を敗戦に追い込んだ名将

◆一八八〇年〜一九六四年　◆最終階級／元帥

陸軍
海軍
空軍

■アメリカ軍史上最年少の少将へ

日本でもっとも知られている外国の将軍は誰かといえば、やはり連合国軍総司令部（ＧＨＱ）の総司令官として日本を統治したダグラス・マッカーサーではないだろうか。

マッカーサーは、軍人だった父の任地であるアーカンソー州の兵舎で生まれ、基地内で育てられた。一八九九年、ウエストポイントのアメリカ士官学校に入学。在学中、マッカーサーは驚異的な成績を維持し続け、一九〇三年に首席で卒業すると、工兵少尉としてフィリピンに配属となる。

一九〇五年、マッカーサーは、在日アメリカ大使館付きの武官となった父とともに日本へ渡り、副官として勤務した。

第一次世界大戦が勃発すると、マッカーサーは陸軍広報部に勤務したが、一九一七年に各州から召集した州兵による「レインボー部隊」の創設を、トマス・ウィル

ソン大統領に進言。第四二レインボー師団を編制して師団長に就任すると、部隊を率いて戦った。

大戦終了後、マッカーサーは史上最年少で陸軍士官学校の校長に就任。一九二五年には、アメリカ軍史上最年少で少将に昇進した。

一九三〇年、アメリカ陸軍史上最年少で参謀総長になると、中将に昇進。三年後には大将に昇進した。

一九三五年、参謀総長を退任すると、陸軍からも退官。十一年後の一九四六年に独立が決定し、準備を進めていたフィリピンの軍事顧問となる。これは、マッカーサーの友人であった、初代大統領になる予定のマニュエル・ケソンから要請されたためである。フィリピンへ到着したマッカーサーは、ケソンから彼だけのために用意された「フィリピン元帥」の称号を受け取る。このとき、マッカーサーに贈られた少々派手な装飾のフィリピン軍元帥の制帽は、彼が陸軍に復帰したのちもずっと使い続けたことで知られており、サングラスやコーンパイプと並ぶ彼のトレードマークのひとつとなっている。

■最小の戦力で最大の戦果をあげた「蛙飛び作戦」

第二次世界大戦の真っ只中である一九四一年、マッカーサーはフランクリン・ルーズベルト大統領の要請を受けて現役に復帰すると、フィリピン駐屯のアメリカ極東軍司令官に就任。軍の動員と戦争準備を開始し、太平洋戦争がはじまる十二月までには、二万人ほどだった兵力を十八万人にまで増強した。

ところが、戦争がはじまって日本軍の主力部隊が上陸してくると、未訓練のフィリピン人で構成された軍隊ではとても太刀打ちできず、マッカーサーはやむなくマニラを放棄。コレヒドール島で指揮を執り、バターン島での抵抗を指示した。が、結局一九四二年三月に大統領命令でオーストラリアへ脱出。有名な「アイ・シャル・リターン」というセリフを残してフィリピンを去った。この撤退は、マッカーサーにとって屈辱的なものであったが、彼はフィリピン奪還を心に誓い、このときすでに大まかな戦略構想を立てていた。それは、日本の工業用原料の入手元となっている、オランダ領東インド（現インドネシア）、フランス領インドシナ（現ベトナム・カンボジア・ラオス）及び、マレーからの補給路を遮断して日本の工業を停止させることで、犠牲を最小限に抑えて戦争を終結させるというものであった。

一九四四年、アメリカ軍内ではフィリピン奪還の必要性なしとの見方が強かったが、マッカーサーが「フィリピン国民との約束の履行」を理由に強く主張したことで、作戦が許可された。しかし、当時のアメリカはドイツを降伏させることが優先方針だったため、マッカーサーはわずかな兵力しか動員できなかった。

そこで彼は、主要な目標を確保する以外での無駄な人員、物資の消耗を抑えるため、日本軍の強固な陣地は可能な限り迂回し、補給線を遮断したのちに航空戦力で叩いて無力化するという作戦を指揮した。この「蛙飛び作戦」と呼ばれた作戦により、マッカーサーはもともとわずかである戦力の損害を極力抑えることに成功したのである。

しかし、蛙飛び作戦を実行するには、日本軍の配置や補給線の弱点など、多くの正確な情報が不可欠だった。マッカーサーは、捕虜の尋問や押収した文書の翻訳にあたる専門チームの編制や、敵地での諜報活動に従事する組織の設置などを独自に行った。また、日系二世を信用したマッカーサーは、ハワイやカルフォルニアから雇い入れて語学部隊として採用。戦闘部隊に随行させて第一線へ送って有効に活用し、より多くの情報をいち早く入手できるよう体制を整えた。

この戦争での、日本軍とアメリカ軍の死傷数を比べるとアメリカ軍のほうが圧倒的に少ないが、これはアメリカ軍が優秀な兵器をもっていたというだけでなく、マッカーサーの節約を重視した作戦が有効だったことの証であるともいえるだろう。

■打ち砕かれた大統領への夢と朝鮮戦争

一九四五年に日本が降伏すると、マッカーサーはGHQの総司令官として、日本の占領政策にあたり、銃砲等所持禁止令による刀剣の没収や新憲法制定の草案づくりなどを指示した。また、ホテルで出された料理から当時の日本の事情を察し、多くの食糧援助を行った。

このころ、マッカーサーは一九四八年の大統領選への出馬を希望しており、現役軍人は大統領になれないことから、日本のおける占領政策を早期に終結させて帰国したがっていたという。一九四八年三月には、候補に指名されれば大統領選へ出馬するという声明を出し、翌四月に共和党の候補者として登録され、日本でも新聞などで大きく取りあげられていたが、結局大統領候補にはなれなかった。

一九五〇年六月二十五日、分割統治後にふたつの国家が建国された朝鮮半島において、北朝鮮の金日成がソ連のヨシフ・スターリンの許可を得て、大韓民国へ侵攻を開始したことから朝鮮戦争が勃発した。マッカーサーは、平和がわずか五年で破られたことに、大きな衝撃を受けていたという。

開戦三日後、首都ソウルが占領され状況は絶望的となったが、マッカーサーはひとまず日本に駐屯していた第八軍を援軍に派遣し、釜山周辺をなんとか保持する。七月初頭に国連軍が結成されると、成功率がごくわずかといわれた仁川上陸作戦を周囲の反対を押しきって決行。この作戦を成功させたことで、国連軍の大反撃がはじまり、戦線を押し戻すことに成功した。その後、中国の参戦で戦線は膠着状態となったが、解決を模索するワシントンD.C.と強硬な発言をするマッカーサーとの意見の相違が明らかになると、緊張状態の拡大から大戦へ発展することを恐れたハリー・トルーマン大統領によって解任された。

一九六四年、老衰による多機能不全で死去。アメリカ本土で国葬が執り行われた。

ゲオルギー・ジューコフ

一兵卒から元帥にのぼりつめた救国の将軍

◆一八九六年～一九七四年　◆最終階級／元帥

■ヨシフ・スターリンさえも恐れたその非情さ

ゲオルギー・ジューコフは、第二次世界大戦当時、ソ連でもっとも活躍した人物のひとりで、一兵卒から元帥にまでのぼりつめた叩きあげの軍人であった。

ジューコフは、指導したほとんどの戦いで勝利を収めたが、他国に比べて圧倒的な人的資源を誇るソ連軍の基本戦術が、「どんなに損害を受けても目標を達成さえすれば勝利」だったことも大きいだろう。

実際に、彼の勝利の裏では、敵よりも多い、ときには数倍にものぼる兵士が死傷していた。ジューコフは、ソ連軍の強みが人的資源にあることをしっかりと認識しており、錬度で劣るソ連軍が勝利を得るには、敵より多くの犠牲が必要となることを、当然のものとして考えていたのである。

兵士の消耗をまったく恐れないジューコフの非情さには、あのヨシフ・スターリンすら恐れたというが、彼の「鉄の意思」ともいえる作戦遂行への決意がなければ、

ソ連軍の勝利はなかったかもしれない。

モスクワ南方のカルーガで農民の子として生まれたジューコフは、職人の徒弟として年季奉公に出ていたが、第一次世界大戦がはじまると一九一五年に徴兵され、第五予備騎兵連隊に配属される。

一九一六年に第一〇竜騎兵連隊へ配属され前線勤務を経験するが、ジューコフは勇敢な戦いぶりから聖ゲオルギー十字章を二度も授与され、軍曹に昇進した。ロシアで十月革命が勃発すると、ジューコフはソ連共産党に入党。一九一八年から三年間、赤軍の一員として戦い、その功績によって赤旗勲章を授与された。

一九二三年に騎兵連隊長を務めたのち、ジューコフは騎兵師団長や軍団長を歴任するようになる。このころから彼は、計画の緻密さや厳しい訓練、厳格な規律を実施し、有名になっていたという。また、彼は部隊の機械化及び機械化部隊の運用を、早くから提唱していたひとりであった。

一九三七年から一九三九年まで、ソ連ではスターリンによる大粛清が行われ、多くの将校たちが命を落とした。ジューコフは、一九三八年に政情不安定になっていたモスクワを離れ、第一ソビエト・モンゴル軍集団の司令官に就任する。この当時、関東軍（満州駐屯の日本軍）が樹立した満州国とモンゴルとの間で、国境線を巡って小競り合いが頻発していた。満州国の軍事権を握っていた関東軍とモンゴルへ派遣されたソ連軍がぶつかったことから大規模な戦闘に発展。最終的に数万人が投入される事態となった。一九三九年、ジューコフは、機械化した砲兵と歩兵に支援させながら、二個戦車旅団を戦線の両翼に進撃させ、関東軍第六軍を包囲して大打撃を与えた。日本軍は二週間で撤退し、ジューコフは「ソ連邦英雄」の称号を受ける。

一九四〇年、ジューコフはスターリンに認められて上級大将へ昇進し、キエフ特別軍管区司令官に就任。ドイツがソ連に侵攻してくると予想し、部隊の機械化と装甲部隊の編制、ならびに防空部隊の強化を、早急に推進すべきと主張した。

■強固な意志をもってドイツ軍と戦い抜く

一九四一年六月、ドイツ軍の「バルバロッサ作戦」が発動されると、ジューコフはレニングラード軍管区に司令官として派遣された。緒戦でのドイツ軍の勢いは凄まじかったが、ジューコフは卓越した軍事手腕と非情な決意で防衛軍を統率し、市民の協力も得て、レニングラード南部の郊外でドイツ軍の進撃を阻止することに成功する。同年十月、モスクワに呼び戻されて、ソ連の全西部戦線の総司令官となった。モスクワにドイツ軍が迫ると、鉄道を使って、シベリアから大量の兵士や装甲車両を輸送させ、冬の到来で進撃がストップしたドイツ軍に対して反攻作戦を開始。この方面のドイツ軍を後退させることに成功した。

部隊を迅速に移動させて反撃に転じたジューコフの功績は大きく、彼の手腕がなければモスクワが陥落していた可能性は非常に高かったともいわれている。一九四二年八月、ソ連軍の最高司令官代理に任命されたジューコフは、ドイツ軍に包囲されていたスターリングラードの防衛任務に就いた。

ジューコフは、アレクサンドル・ワシレフスキー参謀総長とともに、百万人もの将兵と千台近い戦車を投入して、ドイツ軍の両側面を守るルーマニア軍を撃破し、ドイツ第六軍を逆包囲するという「ウラヌス作戦」を立案。

熾烈を極めたこの戦いではソ連側にも多大な死者が出たが、ついにソ連軍による包囲網が完成。包囲下のドイツ第六軍は、一九四三年二月に降伏し、対ドイツ戦での大きな転換期となった。一九四三年一月、ジューコフは元帥に昇進している。

こののち、ジューコフは最大の戦車戦となったクルスクの戦いでドイツ軍の攻勢を撃ち破ると、一九四四年一月に包囲されていたレニングラードを解放し、二月にはウクライナ方面のドイツ軍南方軍集団をこの地域から撃退した。

同年六月、ソ連の大反攻作戦である「バグラチオン作戦」を発動。ジューコフは、ワシレフスキー元帥とともに全軍を統括することとなり、ドイツ中央軍集団を崩壊させると、ベラルーシを奪回して国境線を回復。さらにポーランドまで進軍した。

一九四五年一月、ドイツ本土への侵攻が開始され、第一白ロシア方面軍の指揮を執って四月にベルリンへ一番乗りを果たし、ドイツ国防軍のヴィルヘルム・カイテル元帥から降伏文書を受けると、その後はドイツ駐留のソ連軍最高司令官となった。

■国内外から高い人気があったゲオルギー・ジューコフ

戦後、ジューコフは国民的英雄となったが、西側からも声望があったため、その人気を独裁政治に対する脅威と感じたスターリンによって、一九四七年にモスクワから遠く離れたオデッサ軍管区司令官へと左遷されてしまった。また、彼自身は逮捕されることがなかったものの、彼の直近の部下や親しい友人が犠牲になった。

スターリンの死後ジューコフは政界に復帰し、一九五三年に国防大臣代理、一九五五年には国防大臣に就任した。この間、国家政治保安部（秘密警察）長官だったラヴレンティ・ベリヤを処刑しているが、これは左遷されていた時代に彼のかわりに犠牲となった人々への、仇討ちだったのかもしれない。

一九五七年に起きた、ヴャチェスラフ・モロトフらとの権力闘争では、ジューコフはニキータ・フルシチョフを支持して危機を乗り切った。六月にジューコフはソ連共産党中央委員会幹部会員になったが、核戦略をめぐる意見対立からフルシチョフと衝突し、クーデターを疑われて大臣を解任され、中央委員会からも追放された。

一九六四年十月フルシチョフの失脚で、後継のレオニード・ブレジネフやアレクセイ・コスイギンらによって、ジューコフの名誉は回復された。その後、大戦の回想録『革命・大戦・平和』を執筆。世界三十ヶ国で、約八百万部が出版されている。一九七四年に死去した際の国葬では、百万人もの参列者が訪れたという。

COLUMN

軍隊の一般的な階級

階級と命令の有効性を明確化

軍隊の階級は大きく分ければ、下の図のように五種類があり、上から将官、佐官、尉官、下士官、兵と分かれているのだ。尉官クラスから俗にいう士官や将校という立場になり、規模の大小は違えど、部隊の指揮官を担っていた。

この本で取りあげたのは、将官クラスの人物である。

兵は文字通り兵士で、それをまとめる存在が、下士官である。下士官は軍隊の背骨とも表現されることもある重要な存在である。

また同じ階級では、先にその階級に就いた者を先任と呼び上位とする。

■軍隊における階級のピラミッド

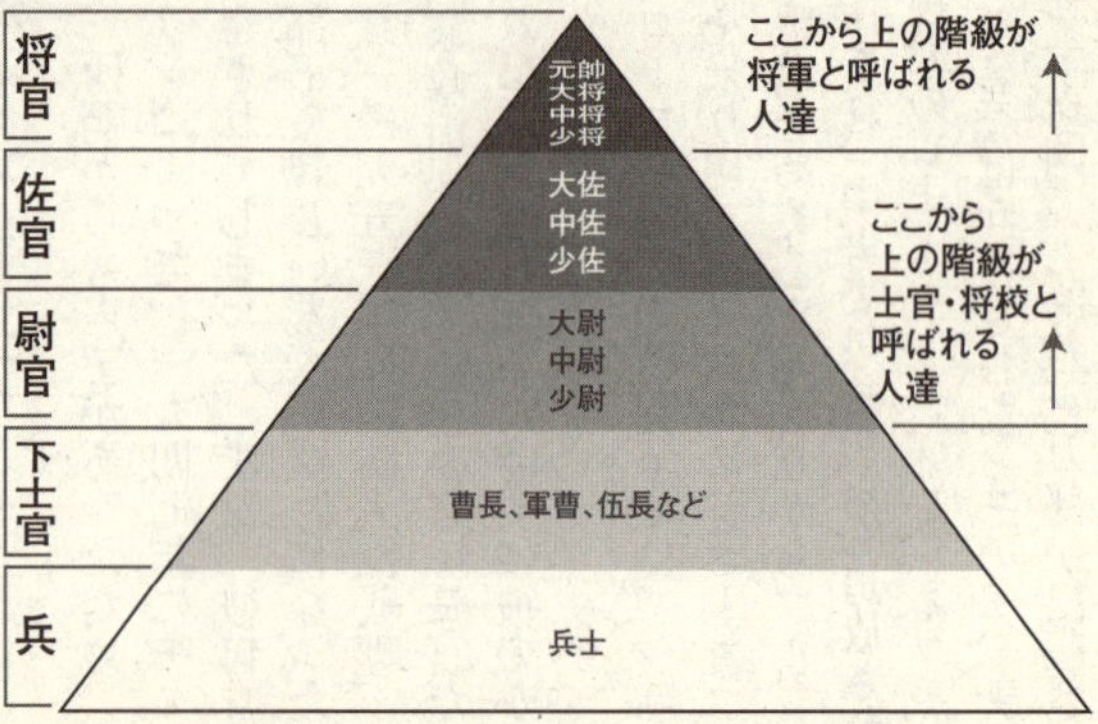

※一般的な例であり、年代、国、兵科により違いがある

PART 2

ドイツの将軍

ドイツの軍隊

軍事理論に裏打ちされた作戦で他国を圧倒した陸軍国

✚プロイセンの伝統を色濃く受け継ぐ

第一次世界大戦の敗北により軍備を制限（ヴェルサイユ条約）されたが、水面下では準備が進められていたため、一九三五年の再軍備宣言以降、急速にドイツ軍は整備されていった。

ドイツ軍の特色としては、プロイセン陸軍の影響を色濃く受け継いだ、強力な陸軍を保持し、将軍達の多くがフォンの称号をもつユンカー（貴族）によって構成されていたのが特徴である。また、自律的に判断し、行動できる優れた下士官の養成に力を注いでいたことも見逃せない。

完全に機械化された戦車軍団による電撃戦というイメージも強いが、そのような師団は存在せず、電撃戦の考案者ハインツ・グデーリアンが夢想したような部隊は最後まで編制できなかった。また、戦車自体のカタログスペックも、他国に比べて超越していたわけではない。初期に勝利を収められたのは、やはり電撃戦に代表される軍事理論などのソフト面や作戦での優越が大きく働いたといえるだろう。

空軍に関しては、トップのヘルマン・ゲーリングがナチスのナンバー2ということもあり、政治的には恵まれたポジションにあった。スペイン内戦に義勇兵を送り込み、その戦訓を生かすこともしていた。しかし、独立した組織であり、装備する航空機や戦術は先端のものであり続けたが、そのあり方は陸軍部隊支援という面から最後まで脱却できなかった。

一方、海軍は第一次世界大戦開戦時には世界第二位の海軍力を保持していたものの、敗戦で外洋艦隊すべてを失う。そして海軍は技術の伝達や乗員の育成に、また艦艇の建造に多くの時間がかかるため、海上戦力の整備は整わないまま戦争に突入した。結果的に潜水艦隊のみが肥大した、いびつな組織で戦っている。

ドイツ軍最高の作戦的頭脳と謳われた知将
エーリヒ・フォン・マンシュタイン

◆一八八七年～一九七三年　◆最終階級／元帥

陸軍
海軍
空軍

■勝利を生み出す優れた統率力と頭脳

第二次世界大戦初期におけるドイツの勝利、フランスに対する電撃戦や、セヴァストポリ要塞攻略、第三次ハリコフ攻防戦などの戦功で知られるエーリヒ・フォン・マンシュタイン。彼をドイツ最高の将帥と評価する当時のドイツ軍人は多い。

彼の優れたところは、機械化された最新の装備をはじめ、部隊の装備について、どのように活用すべきかをよく理解しているところにあった。それに加えて、卓越した指揮統率の能力で攻防を自在にするところが、彼の名将たる所以である。

マンシュタインは両親ともにプロイセン軍人の家系に生まれた、生粋のドイツ軍人であり、彼も一九〇〇年から六年間、陸軍の幼年学校で学んだのちにベルリンの連隊付き少尉となる。その後、陸軍大学に進んだ翌年の一九一四年に第一次世界大戦が勃発し、出征したマンシュタインは、数々の戦線で指揮官として、また参謀としても経験を積んでいった。敗戦後、わずか十万人に制限されたドイツ軍に残る

ことができた彼は、ここでも参謀本部と部隊指揮官の両方を交互に勤務し、将軍として極めて望ましいキャリアを積んでいる。

■西方電撃戦の立案者として有名になる

第一次世界大戦までドイツ領であったダンツィヒとポーランド回廊の要求から、一九三九年に対ポーランド戦がはじまり、ここに第二次世界大戦が勃発する。マンシュタインは南方軍集団の参謀として勤務した。ポーランドは決して軍事的な弱小国ではなかったが、戦争の主導権を奪われ、ソ連の侵攻もあり、一ヶ月で降伏した。

ポーランド戦後、ポーランドとの戦争により宣戦布告してきたイギリスの大陸派遣軍やフランス軍に対する作戦計画において、マンシュタインは陸軍総司令部と真っ向から対立する。このときの陸軍総司令部の計画は、先の戦争で実行された計画を焼き直した、敵主力と真っ向から決戦を挑むような旧態依然とした形式のものであり、西方作戦に備えて、A軍集団参謀の任に就いていた彼の受け入れられるところではなかったのである。

自身も少佐として勤務中に負傷した第一次大戦の反省から、敵の堅固な防御ラインを迂回突破する作戦を立案したマンシュタインは、上官の許しを得て中央に意見具申をする。しかし、このときの意見具申が執拗であったため、彼は参謀の任を解かれ、第三八歩兵軍団の司令官へと転属させられることとなった。

だが、マンシュタインと考えを同じくする者により、アドルフ・ヒトラーと面会の機会を得て、彼の作戦案はヒトラーの大いに気に入るところとなり採用された。この結果、フランス軍は早々に抵抗力を失い、イギリスの大陸派遣軍は疲弊した体で本国へ撤退することになる。これにより、マンシュタイン・プラン、西方電撃戦の立案者として一躍有名になり、彼の名は後世にまで語り継がれている。

■セヴァストポリ要塞攻略の功により元帥へ

一九四一年、独ソ戦がはじまると、マンシュタインは第五六装甲軍団長として、四日間で三百キロメートル前進するなど、装甲部隊を率いても有能であるところを示した。

その後、彼は南方の第一一軍司令官を拝命し、黒海のクリミア半島攻略に取りかかる。コーカサスの資源地帯を目指す「青（ブラウ）作戦」において、クリミア半島は東進するドイツ軍の下腹部を南方からえぐれる位置にあったのだ。

半島の入り口には厳重に守られた防衛線があったが、これを突破し、敵の増援による反撃もはねのけたマンシュタインは、堅い守りのセヴァストポリ要塞を見事に攻略し、その功績で元帥に昇進した。

このときの戦いでは重砲を徹底的にかき集めており、中には口径八十センチの列車砲までもち込まれていて、これらの重砲群が絶大な威力を発揮している。

■敵の補給線が延びきったところで逆撃を加える

ソ連軍の大反攻により、スターリングラードにおいてドイツ第六軍が包囲され降伏すると、南方のドイツ軍戦線に大穴が生じた。第六軍の救出軍を率いたマンシュタインは、第六軍が後退しなかったことにより救出には失敗したものの、コーカサス方面へ進出したドイツ軍の撤退を援護し、包囲されるのを防いでいる。

余勢をかったソ連軍がハリコフ奪回に向けて進出してくると、敵の補給線が限界を超えるまで進出させたうえで反撃に出て、見事な勝利を収めている。これは敵の攻勢に対して、土地にこだわることなく敵を消耗させつつ一時撤退し、のちに反撃を加えるという戦略のお手本のような戦いであり、戦線は安定した。

■アドルフ・ヒトラーとも対立した直言居士

彼は軍人として国家に忠誠を誓った手前、最高指導者であるヒトラーの決定に逆らえなかったが、臆することなく対案を具申する数少ない将軍のひとりであった。その代表的な例が、死守命令を乱発するヒトラーに対し、機動防御をもってしか戦力で勝るソ連軍に抗することはできないとした意見である。

一九四三年のクルスク戦においても、マンシュタインは準備を整えて待ち構えているであろうソ連軍を力押しに攻めるべきでなく、撤退したドイツ軍を追撃するソ連軍の側面へ攻撃するべきであるとの意見をもっていた。自軍戦力が消耗し補充もされておらず、戦略的に守勢に立たざるを得ない現状を踏まえたものであった。

しかし、ヒトラーはクルスク攻略を命じ、そのうえ攻撃開始日を延期させ、ソ連軍にさらなる準備の時間を与えることとなったのだった。マンシュタインは南方軍集団司令官として、ソ連軍のクルスク突出部を南側から攻める役割を担ったが、攻撃延期で当初考えられた奇襲効果もなく、幾重にも連なった防御陣地を前に、ドイツ軍は多大な出血を強いられながらの前進を余儀なくされた。さらに英米軍のシチリア島上陸により、ヒトラーは作戦中止を命令。クルスクの戦いは失敗に終わった。

それでも、マンシュタインの南方軍集団は、敵の投入してきた戦車予備兵力を撃破することに成功しており、彼はこの機を逃さず敵の予備兵力を叩くべきであると提案したが、ヒトラーに受け入れられることはなかった。

マンシュタインの軍内部における信望は、陸軍、特に主流のプロイセン軍人に対して政治的不信を抱くヒトラーにとって、警戒すべきものと映ったのかもしれない。

そして一九四四年三月、ついに南方軍集団司令官の任から解かれる。しかし、日々拡大していく戦力差の中、自軍の損失を抑えつつ困難な後退作戦を遂行していたマンシュタインの更迭は、ドイツの敗北を早めたといっても過言でないだろう。

戦後、イギリス軍に逮捕され、軍事裁判で禁固刑となる。出所後『失われた勝利』『一軍人の回想』などを出版し、また西ドイツ連邦軍の創設に寄与している。

電撃戦の生みの親、韋駄天ハインツ

ハインツ・グデーリアン

◆一八八八年～一九五四年　◆最終階級／上級大将

陸軍
海軍
空軍

■電撃戦の提唱者

ハインツ・グデーリアンはポーランドで、そしてフランスで、快速装甲部隊を指揮して戦場を縦横無尽に疾駆、自身が提唱する機甲戦術を身をもって示し、「韋駄天ハインツ」の渾名《あだな》で呼ばれた将軍である。

プロイセン王国の陸軍軍人の息子として生まれたグデーリアンは、第一次世界大戦において、野戦軍指揮所に通信担当の将校として勤務。この通信に深く携わったことが、のちのち彼の機甲戦術に生きてくるのであった。その後、師団そして軍団の参謀職にも就いている。

第一次世界大戦後は、ヴェルサイユ体制下の軍に残り、交通兵監部に所属した。交通兵監部は軍の輸送や通信技術を管轄する部署で、そこでグデーリアンは戦車や自動車で機械化された部隊を用いた戦術の研究をはじめ、ついに独自の機甲戦術を編み出した。またそれと同時に、戦術を実行する部隊の編制まで考えていたのだ。

ちなみに彼以前にも、各国でジョン・フレデリック・チャールズ・フラー、リデル・ハート、シャルル・ド・ゴールなど機甲戦術の提唱者は存在したが、ドイツ以外の国では予算や指揮統制の技術的問題から、また戦車は歩兵を支援する兵器という思想から、主流になりえなかった。

■ハインツ・グデーリアンの考えた機甲戦術

彼の機甲戦術の概要はこうである。戦車を集中運用して、敵のもっとも弱い部分を突破させ、しかるのちに後続の歩兵が戦闘の後始末をする。これまで戦闘の主役であった歩兵が、ここでは戦車を支援する役割になっている。

また戦車単独ではなく、歩兵をはじめ、野砲や空軍の爆撃といった他の兵科の協同も彼は重視していた。ここで重要なポイントは、そのために無線による連絡や指揮統制を重要視し、無線通信技術の整備に心をくだいたことである。

このことは、事態の推移が激しい機動戦において、すばやく状況を把握し、部隊を統制できるということであり、「前線指揮」という概念を生むきっかけとなった。

■陸軍最強国フランスを一ヶ月で破る

一九三九年のポーランド戦では第一九自動車化軍団長として、自身の理論を戦場で見事に証明してみせた。続くフランス戦でも、危険な第一線に身を置きながらの

「前線指揮」で戦車部隊を集中運用し、敵の戦車部隊を打ち破っている。

グデーリアンの疾風怒涛の活躍は、旧態依然だった各国の軍隊では押し止めることができず、思いもつかないスピードで敵を寸断、包囲、撃破した。

ポーランドも有数の陸軍国として知られており、とりわけ最強の陸軍国として名高かったフランスの敗北は世界に衝撃を与えることとなり、機甲戦術の有用性が証明されたのであった。

■アドルフ・ヒトラーの死守命令に逆らって解任される

独ソ戦がはじまると中央軍集団の下、グデーリアンは第二装甲軍集団を率いて、作戦目標モスクワを目指した。しかし、アドルフ・ヒトラーが戦略を変更したことなどにより、攻略スケジュールが狂ってしまい、モスクワ到達以前に冬が到来してしまう。補給は滞り、冬季準備もなく攻撃は頓挫《とんざ》する。それに加えてシベリアから増援を呼び寄せたソ連軍の大反攻にあった彼は、死守命令に逆らって独断で撤退し、解任される。解任後、予備役として過ごしていたグデーリアンだが、東部戦線で消耗し尽くした装甲部隊再建の任を依頼され、装甲兵総監に就任する。見事な手腕でもって、その期待に応えたのだったが、ヒトラーと衝突し解任された。

解任後まもなくドイツは降伏し、米軍の捕虜となったが、むしろ機甲戦術の教官として遇されていたという。

総統の「大いなる火消し」、練達の防御指揮官

ヴァルター・モーデル

◆一八九一年〜一九四五年　◆最終階級／元帥

陸軍　海軍　空軍

■アドルフ・ヒトラーに信頼された叩きあげの元帥

ヴァルター・モーデルは、一九四一年〜一九四二年の東部戦線の中央軍集団を指揮して名を馳せた将軍である。

また、ドイツ陸軍上層部の主流であるユンカー（貴族）の出身ではなく、エルヴィン・ロンメルと同じく傍流出身者だが、叩きあげで元帥にまで昇進した、アドルフ・ヒトラーからの信任が厚い将軍でもある。

一九〇九年に軍人となった彼は、第一次世界大戦のヴェルダンで負傷するなど戦線で奮戦し、いくつかの勲章を受けている勇敢な軍人であった。戦後も軍に残留を許され、苦労と努力を重ねて一九三四年に大佐となる。

そして、モーデルは一九三八年に少将へと昇進する。翌年のポーランド戦に第四軍団の参謀長として、一九四〇年のフランス戦では第一六軍団の参謀長として勤務していた。

■酷寒の地で、疲れと恐れを知らない超人的な活躍を見せる

先述のふたつの戦いでの功績から中将に昇進したモーデルは、第三装甲師団を率いることとなり、独ソ戦ではモスクワを目指す中央軍集団の南翼を担当した。スモレンスク攻略後、モスクワまであと三百キロメートルというところで、中央軍集団は南方軍集団と協同してキエフ方面のソ連軍を包囲するよう、命令を受ける。

これにより、モーデルの第三装甲師団も東から南へと進撃方向を変える。包囲を成功させるためには速度が重要であった。そのため、モーデルは兵士達になぜ急がなければならないのかを説明し、師団を猛進させ続けた。これにより「前進将軍」との渾名《あだな》を兵士達より頂戴する。第三装甲師団は中央軍集団の部隊の中では先頭となって南方軍集団と連絡をつけ、包囲網を完成させる。このキエフ包囲では六十万名を超えるソ連軍が捕虜となった。しかし、これはモスクワ攻略にとってタイムロスとなり、モスクワ前面での敗退を招く。そしてソ連軍の大反攻がはじまり、モーデルはこれにより包囲の危険にさらされた第九軍の指揮を任されることとなった。

師団司令官から、軍団を飛び越え、軍司令官となったモーデルだが、第三装甲師団を率いた彼の勇名は名高く、兵士達の歓迎するところだった。零下四十度の酷寒の中、彼は精力的に危機的状況にある戦線へ自ら足を運んで「攻撃せよ！」と督戦し、拳銃をもって先頭に立ち、敵に自ずから反撃をかけることもいとわなかった。

幕僚経験も豊富なモーデルの的確な情勢判断と正確な命令、そして疲れと恐れを知らない超人的な活躍により、第九軍は包囲殲滅される危地を脱しただけでなく、逆に敵の二個軍を包囲殲滅さえしたのだった。これにより、第九軍担当の戦線はクルスク戦まで安定する。

■前線の誇り高き火消し役

クルスク戦後、なんとかソ連軍の攻勢を凌いでいたドイツ軍の敗色は濃厚になる。そして、危機に陥った戦線があると、ヒトラーは必ずモーデルへ火消し役を命じ、彼は必ず結果を残した。モーデルは、ヒトラーに軍事上の反対意見を直言し、命令を拒否することもある将軍だったが、危機にある戦線の火消し役としては必要不可欠な人材だったといえよう。一九四四年、モーデルはついに元帥へ昇進した。

同年、西部戦線へと配属されたモーデルは、連合国軍により破綻しかけていたドイツ軍戦線を建て直す。アルデンヌ攻勢（バジルの戦い）は、絶対的な航空戦力差により失敗したものの、ドイツ国内への進撃を遅らせることには成功している。

その後、B軍集団を率いて戦うも、如何ともし難い戦力差により、ルール地方にB軍集団とともに包囲される。彼は指揮下の部隊に解散を命じたのち、拳銃自殺する。元帥は捕虜になるべきではないと、スターリングラードで降伏したフリードリヒ・パウルスを非難していた彼は、その信念に従ったのであった。

フリードリヒ・パウルス

独ソ戦において敵中に孤立し、敗北を招いた司令官

◆一八九〇年～一九五七年　◆最終階級／元帥

■連隊すら指揮したことがなかった将軍

スターリングラードで第六軍とともにソ連軍へ降伏した将軍がフリードリヒ・パウルスである。

この不名誉な降伏にいたるまでの経緯で、多くの批判が浴びせられていることでも、有名な将軍だ。

第六軍司令官になるまでのパウルスは、おもに参謀コースを歩んできており、部隊の指揮に関していえば、連隊長クラスの指揮経験すらなかった。

もっとも演習で連隊長役を務めたことはあったが、その指揮能力は十分でなく、優柔不断との評価を受けるほどのものであった。

士官時代の彼の評価は、仕事は遅いが事務的仕事は几帳面で、地図上の兵棋《へいぎ》に興味をもっているというもので、決して野戦指揮官としての適性を認めたものではなかった。また、同僚から潔癖な性格を揶揄《やゆ》されることもあったという。

■優秀な参謀長として名を馳せる

第二次世界大戦がはじまるとヴァルター・フォン・ライヘナウの率いる第一〇軍の参謀長に任ぜられる。この第一〇軍がのちに改称して第六軍となるのだが、ポーランドそしてフランスで第一〇軍は精鋭として評価を確固たるものとし、パウルスも優秀な参謀長として名声を獲得していく。

そして陸軍参謀本部へと転属、対ソ連戦へ向けて、「バルバロッサ作戦」の計画にも参画している。彼の参謀としての優秀さは折り紙付きだったといえよう。

■第六軍司令官就任、そして「青（ブラウ）作戦」

独ソ戦開戦後、第六軍（旧第一〇軍）司令官ライヘナウは南方軍司令官となる際に、自分の後任としてパウルスを推薦していた。ライヘナウはパウルスに上級部隊の指揮経験がないことを知っていたが、自分がその上司として（第六軍は南方軍集団隷下）後見するつもりでいたのだ。しかし、彼は飛行機事故で死亡してしまう。

このような経緯でパウルスは第六軍司令官に就任したが、就任後しばらくして、「青（ブラウ）作戦」が発動される。独ソ戦の主導権を取るため、ソ連に立ち直る時間を与えないために、コーカサスの資源地帯を目指す作戦だった。この作戦で第六軍はヴォルガ川河畔の工業都市スターリングラード占領を命じられる。

■包囲下で元帥に昇進した真の意味

スターリングラードでは熾烈な市街戦が繰り広げられ、膠着《こうちゃく》化していた。そこに第六軍の両翼のルーマニア軍（比較的装備が古く弱体と見なされた）の戦線をソ連軍が突破し、スターリングラードの第六軍は重囲下に陥いる危険があった。

こういう危急時の決断にこそ、指揮官は真価を問われるが、パウルスは脱出すべきだとの判断を下しておきながらも、実際にはアドルフ・ヒトラーの死守命令に従った。マンシュタインのドン軍集団が救援部隊として、時間とともに増大するソ連軍の大海を切り開いて接近し、包囲内側からの脱出戦闘を促したときもこれを断っている。また、パウルスはこの包囲下で元帥に昇進しているが、これは、かつてドイツの元帥で降伏したものはいないというプレッシャーであり、死ねという意味に近いものであった。事実、第六軍は見捨てられたのだ。完全に敵中で孤立し、冬の到来もあり、餓死者、凍死者が続出。パウルスはようやく降伏する。

第六軍三十万人の内、九万人が捕虜となり、収容所までの道のりで大半が死亡し、生きて帰ってこれたのは約六千人であった。

パウルス自身は捕虜となったのちに転向し、ドイツ共産党による反ナチス組織、ドイツ将校同盟に名を連ねる。戦後は一九五三年までソ連に抑留され、釈放後は共産圏である東ドイツで余生を過ごした。

指揮官ながら常に前線で立ち続けた「ホト親父」

ヘルマン・ホト

◆一八八五年〜一九七一年　◆最終階級／上級大将

陸軍
海軍
空軍

■装甲部隊指揮官として東部戦線で活躍

軍医将校の息子として育ったヘルマン・ホトは、陸軍士官候補生として一九〇四年に陸軍へ入隊。士官学校卒業後、第七二歩兵連隊へ配属された。第一次世界大戦が勃発すると、歩兵大尉として参謀職を務めたのち、歩兵部隊長や陸軍航空部長を歴任。終戦時には、歩兵師団の参謀となっていた。

一九三四年、戦間期も軍に残ったホトは少将に昇進。翌年から第一八歩兵師団長を務め、中将を経たのち一九三八年に大将へ昇進し、第一五軍団長に就任した。一九三九年にはじまった対ポーランド戦では、第一五軍団を指揮。翌年にはじまった対フランス戦では、北方を目指すA軍集団指揮下の第一五装甲軍団長として参戦し、ムーズ川渡河《とか》の一番手として敵陣の突破に成功。そののち、フランス軍最大の軍港であるブレストへ向けて急進撃を行い、フランス軍壊滅の原動力となった。フランスとの戦争が終結すると、ホトはこの功績で上級大将へ昇進し、第三装

甲集団の司令官に任命される。一九四一年六月からはじまったソ連への侵攻作戦である「バルバロッサ作戦」では、中央軍集団に所属。ニエメン河沿いで快進撃を続け、ミンスクではハインツ・グデーリアン率いる第二装甲集団との見事な連携でソ連軍を包囲し、二十九万ものソ連兵を降伏させた。十月には第一七軍司令官に就任。ソ連の首都モスクワを目指して進撃を続け、約二十キロメートルの地点まで到達した。しかし、ロシアの冬の厳しさはドイツ軍の想像以上で、機関銃の連射が凍結により不能となったり、戦車のエンジンが始動できなくなるなどのトラブルが続出したため、進撃を停止せざるを得なくなった。

一方モスクワでは、極寒の中で市民をあげての防御施設構築工事が行われており、ソ連軍からの強烈な反攻もあって、ホトの軍も後退を余儀なくされてしまった。

一九四二年の「青（ブラウ）作戦」では、エヴァルト・フォン・クライスト上級大将率いる第一装甲軍と共同作戦を実施。セミヨン・コンスタノヴィッチ・ティモシェンコ元帥指揮下のソ連軍を包囲戦の末に殲滅した。

しかし、ソ連軍の大反撃によってドイツ軍は各地で徐々に後退。スターリングラードで、フリードリヒ・パウルス上級大将率いる第六軍がソ連軍に包囲されると、これを救出するために「冬の嵐作戦」が発動される。ホトも第四装甲軍を指揮して作戦に加わるが、奮戦空しく作戦は失敗に終わった。

一九四三年七月に行われたクルスクの戦いでは、エーリッヒ・フォン・マンシュタイン元帥率いる南方軍集団の主力として参戦。南方での攻勢では、ソ連軍に自軍の三倍もの損害を与えるという大戦果をあげたが、中央軍集団での攻勢が失敗したため、作戦は中止となった。

■アドルフ・ヒトラーへの抗議が左遷に繋がる

この年の九月に、これまでの功績を評価されて全軍で三十五番目の剣付柏葉騎士十字章授与の栄誉に浴したが、その後、ウクライナを突破したソ連軍に、甚だしい戦力差を前にどうしようもなくキエフを奪還されてしまう。アドルフ・ヒトラーはキエフを再度奪還せよと命令を下すが、ホトはこの命令に対し抗議する。その結果、ヒトラーからの信任を失い予備役に編入されてしまった。

戦後に開かれたニュルンベルク裁判では、平和に対する罪や侵略戦争の企図のほか、一九四一年十一月、指揮下の部隊にユダヤ人や捕虜にした共産党政治将校の即時処刑を命じた罪を問われて懲役十五年の刑を受けた。一九五四年に釈放されたのちは、一九五六年に対ソ連戦での作戦をまとめた『戦車作戦』を発表している。

ホトは戦場となる地形を即座に把握し、戦闘へ利用する勘に優れていた。また、機甲戦の本質を理解した軍事センスに秀でた将軍であった。さらに、指揮官でありながら常に最前線に立っている姿は、部下達から「ホト親父」の愛称を奉られるほど親しまれていた。

パウル・フォン・クライスト

機甲戦術家として開眼した古参軍人

◆一八八一年〜一九五四年　◆最終階級／元帥

■陸軍の長老にして典型的な騎兵信奉者

パウル・フォン・クライストは、五百年もの歴史を誇り数多くの軍人を輩出した名門一族の出であった。親は教育者であったが、彼は軍へ進む道を選び、一九〇〇年に士官候補生として野砲連隊へ入隊したのち、大尉となって騎兵隊へ配属される。第一次世界大戦では、一九一五年から終戦まで、参謀を務めていた。

第一次世界大戦が終結すると、一九一九年に義勇軍に参加。翌年には国防軍に採用され、騎兵学校の教官となった。その後は騎兵師団に転属し、歩兵連隊長などを経て騎兵大将にまで昇進した。

こののち、アドルフ・ヒトラーが権力の座につくと、ハインツ・グデーリアンを中心に陸軍の機械化がはじまるが、騎兵信奉者であったクライストは、騎兵保守派の将校らとともに、装甲戦術理論には真っ向から反対した。

一九三八年、ヒトラーの対外進出に反対していた国防軍のふたりの元帥、ヴェル

ナー・エドゥアルト・フォン・ブロンベルクとヴェルナー・フライヘア・フォン・フリッチュが、女性問題と同性愛スキャンダルを理由にそれぞれ解任されるという事件が起きる。すでに国防軍の長老のひとりとなっていたクライストもこの事件のあおりで解任され、同時期に一度退役することになった。

一九三九年、ポーランドへの侵攻を前に、ヒトラーの陸軍懐柔策の一環として軍へ復帰すると、装甲軍団長へ就任。対フランス戦となる西部戦線では、グデーリアンやヘルマン・ホトの装甲集団を指揮することになった。相変わらず装甲戦術理論に懐疑的だったクライストは、グデーリアンに再三進撃停止命令を下し、装甲集団のスピードが必要となるこの作戦を、危うく台なしにするところだった。

しかし、A軍集団の指揮官だったゲルト・フォン・ルントシュテット上級大将のとりなしもあり、最終的にクライストがグデーリアンへ指揮裁量権を与えた結果、高い戦果をあげることになったのである。

■装甲戦術を学び、優秀な装甲指揮官へと変貌

西部戦線での戦果を目の当たりにし、またこの戦功で上級大将へと昇進したクライストは、装甲戦術の有効性を認めたばかりかこれを徹底的に学び、マスターするまでに至る。

一九四一年、クライストは、バルカン半島攻略戦参加後に、対ソ連作戦の「バル

バロッサ作戦」に第一装甲集団を率いて参加。緒戦のキエフの戦いでは南方から攻勢をかけ、北方から進撃するグデーリアンの第二装甲軍団などと連携して見事な包囲戦を展開。六十六万以上ものソ連兵を降伏させるという、大戦果をあげた。

一九四二年になると、クライストはA軍集団に属して「青（ブラウ）作戦」に参加したが、B軍集団がスターリングラードでソ連軍に包囲されたため突出した形となり、A軍集団もソ連軍による包囲の危機を迎えた。A軍集団の指揮官に任命されたクライストは、ここでの撤退戦においてその手腕を如何なく発揮。奇跡的にソ連軍の包囲が完成する直前で全軍を撤退させることに成功し、この功績から元帥に昇進することとなった。

こうした装甲部隊を率いての数々の功績は、クライストの名を屈指の装甲軍指揮官として高めることになり、ついには「パンツァー・クライスト（戦車のクライスト）」と渾名《あだな》されるほどになった。しかし、東部戦線におけるドイツ軍の劣勢は、すでに覆せぬものとなりつつあり、特に一九四三年のクルスクの戦いで敗れて以降、大勢は決定的となっていた。A軍集団を率いて戦い続けたクライストは、次第にヒトラーとの意見交換で衝突することが多くなっていき、ついにエーリッヒ・フォン・マンシュタイン元帥とともに、罷免されてしまった。

戦後はイギリス軍の捕虜となったが、一九四八年にA級戦犯としてソ連へ引き渡されて終身禁固刑を宣告される。一九五四年の十一月、捕虜収容所で亡くなった。

ゲルト・フォン・ルントシュテット

アドルフ・ヒトラーも一目置いていたドイツ陸軍の最長老

◆一八七五年〜一九五三年　◆最終階級／元帥

陸軍
海軍
空軍

■難関大学を卒業したプロイセン貴族軍人

プロイセン貴族の家庭に生まれたゲルト・フォン・ルントシュテットは、陸軍士官学校を卒業したのち、一九〇四年に陸軍大学の参謀課程へ進む。卒業までに、七十五パーセントが試験で落第するという厳しいカリキュラムをこなしたルントシュテットは、課程修了後の一九〇七年にベルリンの参謀本部勤務となった。

一九一〇年には、カッセル第一一軍団の参謀部に配属され、第一次世界大戦では、フランスやトルコに出征し、一九一四年に少佐へ昇進した。

第一次世界大戦終了後、ヴェルサイユ条約によって陸軍は兵力を十万人以下、将校を四千人以下と制限されたが、ルントシュテットは参謀将校として残り、新生陸軍の中核として働きつつ順調に出世していった。

一九三二年にはベルリンの第三師団長に就任し、七月にフランツ・フォン・パーペン首相が行ったプロイセン州の解体に参加。プロイセン州の庁舎を制圧し、社会

民主党政権を打倒した。

こののち、最終的にルントシュテットは上級大将にまで昇進し、一九三八年に名誉連隊長の名を得て、定年退職をした。このときすでに、六十三歳となっていたルントシュテットは、カッセルの地で妻とともに静かな余生を送る予定であったが、情勢はそれを許さなかった。

■三度も罷免されながらその都度復帰した理由《わけ》

一九三九年、ポーランド侵攻を前に、アドルフ・ヒトラーに請われて軍へ復帰したルントシュテットは、ポーランド戦では南方軍集団司令官に着任。西部戦線ではA軍集団の司令官として参加し、アルデンヌの森林地帯を突破してドイツ軍の勝利に貢献した。ルントシュテットは、この功績で元帥に昇進し、占領下のフランスを統括する西方軍総司令官となった。

その後、一九四一年の「バルバロッサ作戦」では南方軍集団を率いたが、ロストフで行った戦術的撤退を理由に罷免されて予備役となる。しかし、翌年の三月に復帰して再び西方軍総司令官へ就任すると、十月には連合軍のディエップ上陸作戦を撃退している。

一九四四年六月に連合軍が行ったノルマンディー上陸作戦では、兵力の配置を巡ってヒトラーを批判。七月には戦争終結を訴えたことでまたも罷免された。このとき、ルントシュテットは国防軍総司令官を務めるヴィルヘルム・カイテル元帥に対し、「和平を講ずるのだ、ばか者め!」と一喝したといわれている。

こうしたいきさつがありながらも、ルントシュテットは九月になると、現場へ三度目の復帰を果たす。十二月には、最後の反攻作戦である「ラインの守り作戦(バルジの戦い)」を立案した。この反攻作戦に際して、作戦の立案を命じたヒトラーへ、ルントシュテットは同僚のヴァルター・モーデルらとともに、無謀であると反対を唱えたが、ヒトラーを翻意させることはできなかったという。そして、作戦が失敗に終わったあとも、ルントシュテットは一九四五年に退役するまで、ドイツ軍の敗色が濃厚になっていく中、粘り強く指揮を執り続けたのだった。

東部戦線では、ヒトラーと意見を衝突させた数多くの将軍が罷免されており、一度罷免された将軍が現場に復帰することは稀であった。しかし、ルントシュテットは三度も罷免されながらその度に復帰しており、これは例外中の例外である。また、ヒトラーは最後まで、ルントシュテットの判断を尊重していたともいわれている。このことからも、ルントシュテットはヒトラーにとって、ほかの将軍とは異なる特別な存在であったことがうかがえる。

ルントシュテットは、卓越した戦略家という評価こそ得ていない。しかし、伝統的プロイセン貴族軍人として威厳のある風貌をもつ彼は、存在そのものが他の将兵たちの精神的支柱であり、ヒトラーでさえ敬意を払うほどの大人物だったのである。

陸軍
海軍
空軍

アドルフ・ヒトラーに傾倒していた熱狂的ナチス支持軍人

ヴァルター・フォン・ライヘナウ

◆一八八四年〜一九四二年　◆最終階級／元帥

■先見の明をもった優秀な司令官

ヴァルター・フォン・ライヘナウは、プロイセン軍人の家庭に生まれた。一九〇三年に軍へ入り、第一次世界大戦では参謀将校として参加。第一近衛野砲兵連隊の副官を務めたのち、歩兵師団や騎兵教導師団で参謀を務めて大尉に昇進した。

第一次世界大戦が終結すると国防軍に採用され、シレジアやポメラニアといった東部の国境警備に従事する中で、中佐まで昇進した。こののち、一九三一年に第一歩兵師団へ転属となり、翌年大佐へと昇進した。アドルフ・ヒトラーのナチス党が政権を握ると、早々にナチス党への支持を表明。一九三三年二月には国防省に入省し、国防軍局長に就任するのと同時に少将へ昇進した。

一九三四年、当時の首相であるフランツ・フォン・バーベンらが、国防軍を利用してヒトラー打倒のクーデターを企画していた。しかし、いち早くこの情報を察知したライヘナウは、親衛隊のハインリヒ・ヒムラーやラインハルト・ハイドリヒへ

通報し、これを未然に防いでいる。

一方、軍事面では、当時陸軍内部で進められていた兵科の機械化を推進する動きに対し、これに反対する歩兵隊や騎兵隊の将校が多かった中で、ライヘナウはハインツ・グデーリアンの装甲戦術理論を認め、陸軍の機械化推進を積極的に支持した。また、反対派である陸軍参謀総長ルートヴィヒ・ベック上級大将とグデーリアンが対立を深めると、ふたりの意見を調整するなど奔走し、装甲部隊の創設を強力にあと押しした。ライヘナウが陸軍の機械化推進を支持した理由は、装甲部隊の創設にヒトラーが熱心だったためか、それとも装甲部隊の有用性を感じていたからなのかは不明だが、どちらにせよ先見の明があったのは確かであろう。

一九三八年、大将へ昇進していたライヘナウは第四軍司令官に任命され、チェコスロバキアへの武力進駐などに参加。翌年の対ポーランド戦では、第一〇軍を指揮して国境を突破すると、わずか一週間ほどでワルシャワ近郊の二百四十キロメートル地点に到達するという、快進撃をして見せた。

一九四〇年の西部戦線では、第六軍を率いてムーズ川の北方から進撃し、ベルギー東部のリエージュ、マーストリヒトなどの諸都市を攻略したのち、首都ブリュッセルへ侵入して降伏させた。ライヘナウはこの功績により、フランス降伏後の七月に元帥へ昇進している。

一九四一年、ソ連への侵攻作戦である「バルバロッサ作戦」が発動すると、ライヘナウも第六軍を率いて参加。ゲルト・フォン・ルントシュテット元帥指揮下の南方軍集団の一翼を担い、キエフ包囲戦に参加してソ連軍を大敗させた。

モスクワの攻略に失敗したのち、東部戦線ではヒトラーと意見が対立した諸将が次々と解任されていき、一九四一年十二月、南方軍司令官であったルントシュテット元帥が解任されると、その後任としてライヘナウが任命されることになった。

しかし、翌年の一九四二年一月十七日、司令部で突然の心臓発作を起こして倒れ、ライプチヒの病院へ空輸されたが、途中で搭乗機が墜落事故を起こし死亡した。

■アドルフ・ヒトラーもその死を惜しんだ熱狂的なナチス支持者

ライヘナウは、プロイセン貴族出身としては珍しいナチス党の支持者であり、ヒトラーとも親しい間柄で、彼の死に際してはヒトラーもその死を惜しんだという。

前線では猪突猛進型の勇将であったライヘナウだが、東部戦線では忠実なナチス党員としての側面も見せている。一九四一年九月には、三万人のユダヤ人が処刑されたほか、彼が十月に第六軍へ発したユダヤ人虐殺を命じる指令（通称「ライヘナウ指令」）はヒトラーに絶賛され、東部戦線すべての軍司令官にこの指令に従うよう、通達が出されたほどであった。また、捕虜にしたソ連兵に対しても、過酷な虐待を行った。こうした占領地での活動により、ライヘナウがもし終戦まで存命していたとしても、戦犯としての厳罰は免れなかったであろうといわれている。

陸軍
海軍
空軍

アルベルト・ケッセルリンク

空軍司令官の枠を超えて活躍した名将

◆一八八一年〜一九六〇年 ◆最終階級／元帥

■新設の航空隊を指揮して装甲部隊の援護役に

バイエルンで生まれたアルベルト・ケッセルリンクは、一九〇四年に軍へ入隊し、砲兵連隊の士官候補生となった。第一次世界大戦が勃発すると、ケッセルリンクは砲兵司令官の副官を務めたのちに大尉へ昇進し、以後は師団や軍団の参謀を務めた。大戦が終了したあとも軍へ残ったケッセルリンクは、砲兵部隊とベルリンの国軍省への勤務を交互に務め、一九三二年に大佐へ昇進した。

一九三三年、アドルフ・ヒトラーが政権を握ると空軍の再建がはじまり、ケッセルリンクは軍事政策能力を買われ、航空省へ転属することになり、エアハルト・ミルヒ航空大臣次官のもとで働くことになる。また、五十歳近い壮年となっていたケッセルリンクだったが、この間に飛行技術を習得している。

一九三六年、中将へ昇進すると同時に空軍参謀総長に就任。翌年には大将に昇進するが、空軍参謀総長をハンス・ユルゲン・シュトゥンプと交代している。交代し

た理由は明確にされていないが、ミルヒと対立していたためといわれている。ちなみに、後任となったシュトゥンプも早々にハンス・イショネクと交代しており、その理由もミルヒと反りが合わなかったためといわれている。

一九三八年、ついに新設の第一航空隊が組織されると、ケッセルリンクはその司令官となる。翌年のポーランドへの侵攻作戦ではケッセルリンクもこの航空隊を率いて参加し、フェードア・フォン・ボック大将の北方軍集団を空から支援した。

一九四〇年にはじまった対フランス戦では第二航空隊を率いて参加。空からの援護で、ポーランド戦と同じくボックのB軍集団を支援し、オランダ・ベルギーへの侵攻を成功させた。この功績により、ケッセルリンクは元帥に昇進している。

こののち、対イギリス侵攻作戦である「アシカ作戦」に関わり、イギリス南部地域へ猛爆を指示するが、イギリス空軍と制空権をかけた「バトル・オブ・ブリテン」に破れたため、作戦は完遂されなかった。一九四一年六月に「バルバロッサ作戦」が発動すると、第二航空隊を率いたケッセルリンクは、ここでもボックの中央軍集団の支援にあたり、緒戦で多大な戦果をあげた。

■南方の司令官となり、イタリア戦線で名を高める

しかし、一九四一年の十一月に突然地中海方面へ転属となり、南方総軍司令官へ就任する。このポストは、イタリア軍との交渉や地中海・北アフリカ方面に展開

する三軍（空陸海軍のこと）、特に北アフリカで戦っていたエルヴィン・ロンメル将軍との調整がおもな任務だった。一九四三年七月、イタリアではベニート・ムッソリーニが失脚、幽閉されて新政権が誕生する。新政権は戦争継続を表明したが、九月に連合軍がイタリア半島へ上陸を開始したその日、シチリア島で連合国と秘密休戦協定に調印。九月八日に公表し、無条件降伏した。これに対しドイツ軍はイタリアへ部隊を展開すると、迅速に主要地点を占領。ケッセルリンクは、ローマ周辺の飛行場をすべて確保し、連合軍の空輸による強襲作戦を断念させた。

こうしてイタリアに駐屯する三軍の最高司令官となったケッセルリンクは、南方から進撃してくる連合軍に対して四重もの防衛ラインを張って迎撃にあたった。

特に、グスタフ線でも知られる、ベネディクト修道院があるカッシーノ付近の防衛は強固で、第二航空隊を率いるヴォルフラム・フォン・リヒトホーフェンの協力もあり、ケッセルリンクは数度に渡って連合軍部隊の突破を撃退。その作戦指揮の手腕は、敵味方問わず賞賛された。

一九四四年十月、ケッセルリンクは軍の視察中に重症を負い、三ヶ月もの間入院生活を余儀なくされ、翌年の三月に西部方面軍の司令官として復帰するも、五月には全部隊を連合軍に降伏させている。戦後、英軍による戦犯裁判では死刑が宣告されたが、ウィンストン・チャーチル首相など英国関係者の嘆願で終身刑に減刑。一九五二年に健康上の理由で釈放され、一九六〇年に亡くなった。

カール・デーニッツ

「海のロンメル」と呼ばれた潜水艦隊作戦の権威

◆一八九一年〜一九八〇年　◆最終階級／元帥

陸軍
海軍
空軍

■第一次世界大戦の経験を買われ潜水艦隊司令官に

ベルリン近郊のグルナウで生まれたカール・デーニッツは、一九一〇年に海軍兵学校へ入学し、一九一二年には地中海艦隊の軽巡洋艦「ブレスラウ」に士官候補生として配属される。その後、四年間の水上艦での勤務を経て、一九一六年からは潜水艦「U39」の先任将校を務めた。第一次世界大戦では潜水艦艦長として参加していたが、終戦間近の一九一八年に乗艦が潜航中に航行不能となり、やむなく急浮上したところをイギリス軍に発見され捕虜となった。

しかし、「Uボートの艦長は死刑」という噂を耳にしたデーニッツは、発狂したふりをして終戦を迎えた翌年にドイツへ送還されている。ドイツへ帰還したデーニッツは、ヴェルサイユ条約で縮小された海軍に残ることを許されたが、条約により潜水艦の開発、及び配備が禁止されていたため、水上艦での勤務となった。

このの ち、水雷艇艇長、駆逐艦艦隊司令、北海方面艦隊司令参謀を歴任したデー

ニッツは、一九三四年に軽巡洋艦「エムデン」の艦長となるが、翌年にアドルフ・ヒトラーがヴェルサイユ条約の破棄を宣言すると、海軍でも潜水艦部隊の再建が開始され、デーニッツは新設された第一潜水隊司令となり、ほぼ同時に大佐へと昇進した。これ以後、デーニッツは潜水艦隊の再建のために尽力し、一九三六年にはすべての潜水艦を統括する潜水艦隊司令官に就任した。

しかし、当時、水上艦による決戦艦隊の創設で海軍の再建を目指していたエーリッヒ・レーダーは、十年に及ぶ強力な戦艦建造計画を立てていたために潜水艦の建造には消極的であり、一九三九年からはじまった第二次世界大戦までに準備できた潜水艦は、六十隻未満だったと言われている。

■少数の潜水艦で戦果をあげ、大部隊へと成長させる

開戦直後、デーニッツはわずかな数の潜水艦を北海と大西洋へ可能な限り配備すると、ノルウェーからイギリスへ運ばれる鉄鋼の海上補給路を絶つべく行動を開始した。この作戦で潜水艦隊は多くの戦果をあげたが、特にイギリス海軍の空母「カレージアス」と戦艦「ロイヤル・オーク」を撃沈したことは、イギリスに対して大きな脅威を与えることとなった。

これら初期の功績で、デーニッツは少将を経て中将へ昇進。予想より早い開戦によって、レーダーが潜水艦隊による作戦を海軍の主力と了承したこともあり、本格

的に潜水艦の建造に力を入れはじめた。

一九四〇年にフランスを降伏させたことで状況はさらに好転し、フランスの港から大西洋へ楽に進出できるようになったばかりか、潜水艦基地と作戦海域への距離が縮まったことで潜水艦の稼働率が上昇した。優先生産計画によって潜水艦の数が増えたこともあり、デーニッツは輸送船団を数隻の潜水艦で襲撃する「群狼作戦」を展開。最終的には二百隻以上もの潜水艦を運用し、ドイツ軍が撃沈した連合軍艦船中七割を、潜水艦による攻撃で叩き出すという結果となった。これによって、デーニッツは潜水艦隊作戦の権威として名を高め、一九四二年には大将へ昇進した。

一九四三年、辞任したレーダーの後任として、デーニッツは海軍総司令官に就任し、元帥へ昇進。ヒトラーの水上艦隊解体命令に対して、大型艦の存在自体が敵の脅威になるという「現存艦隊論」で反論し、水上艦隊を訓練艦隊として存続させた。

しかし、連合国艦船の対潜装備の強化やアメリカ海軍が護衛空母を大量にそろえたことで、潜水艦による戦果は激減。逆に、撃沈される潜水艦の数が急増したため、作戦を中止せざるをえなくなった。

一九四五年四月、自殺したヒトラーの指名により総統に就任。連合国との降伏交渉と、東部難民の国内への輸送にあたった。戦後は、ニュルンベルク裁判で十年の禁固刑に処せられた。一九五五年に釈放されると、復員兵のために尽力し、一九八〇年に亡くなった。

ヘルマン・ゲーリング

空軍出身ながら、政治家に転身を遂げたナチスナンバー2

◆一八九三年〜一九四六年　◆最終階級／国家元帥

陸軍
海軍
空軍

■「鉄人ヘルマン」の異名を取った第一次世界大戦のエースパイロット

ヘルマン・ゲーリングは、バイエルンの裕福な家庭に生まれた。少年時代は彼の名付け親であるエーベンシュタイン伯爵の城で過ごしており、のちの豪華な装飾や前時代的な服飾への嗜好《しこう》はこのときの経験が影響している。

一九〇一年、陸軍士官学校に入学し、一九一一年に優秀な成績で卒業したゲーリングはベルリンの社交界へデビューし、上流階級層との交流を経験した。

第一次世界大戦では、歩兵連隊から志願して航空隊へ転属。戦闘機パイロットとして、大戦を通じて二十二機を撃墜する働きをみせ、「鉄人ヘルマン」の異名を取った。この当時の空中戦は、まだ戦争というよりは貴族の決闘のようなものであり、航空隊への転属は華やかさを好むゲーリングらしい選択だといえるだろう。

大戦終了後、ヴェルサイユ条約によってドイツ空軍が解体されると、ゲーリングは民間の航空機パイロットとなり、曲芸飛行士としてスウェーデンなどで興行を行

っていたが、一九二二年にドイツに帰国してミュンヘン大学へ入学する。もともと反ワイマール共和国的な思想をもっていた彼は、このころから国粋主義へと傾倒していき、アドルフ・ヒトラーと出会ったのだった。

初対面にしてヒトラーに魅了されたゲーリングは、国家社会主義ドイツ労働者党（ナチス）に入党し、突撃隊隊長となる。翌年のミュンヘン一揆ではヒトラーと行動するが、警官隊の発砲で重症を負う。彼はオーストリアへ逃亡して治療を受けたが、このとき麻酔として使用したモルヒネが原因で、依存症になってしまった。

一九二六年に政治犯への恩赦が出ると、ゲーリングは翌年に帰国し、政治活動を再開する。特に過去の経験を生かして社交界で活発に活動し、下層階級の出身者が多いナチス党幹部にかわり、上流階級や財界人とのコネクションづくりに尽力した。

一九二八年、国会議員に当選。数々の活動でナチス党になくてはならない存在となったゲーリングは、一九三〇年にヒトラーの公式な相談役となった。

一九三三年にヒトラー内閣が成立すると、無任所大臣、プロイセン州内務大臣になり、次いで航空大臣に就任。プロイセン州首相となるとゲシュタポ（国家秘密警察）を創設した。また、政敵の弾圧に辣腕《らつわん》を振るい、ヒトラーに次ぐナンバー2の座を不動のものとした。

軍事面では一九三五年にヒトラーがヴェルサイユ条約を破棄したことにより、新設された空軍総司令官に任命され、四ヶ年計画を立案して空軍の軍備拡張を急速に進めた。また、この間に上級大将にまで昇進しているが、政治的な意味合いが強い。

■実務嫌いと慢心によって権力の座から転落

一九三九年九月、第二次世界大戦が勃発すると、初日に行ったヒトラーの国会演説で、ゲーリングは第一後継者に指名される。ポーランドへの侵攻作戦では、空軍が大戦果をあげたほか、ポーランド経済を軍需生産に取り込み、労働者の徴集を行って軍備の拡張に貢献する。ゲーリングはこうした功績から、ヒトラーが新たに創設した国家元帥の称号を贈られ、名声と権力ともに絶頂の時期を迎えた。

しかし、権力に興味はあったものの実務が嫌いなゲーリングは、次官のエアハルト・ミルヒにそのほとんどを委ねていた。また、指揮官としても見るべき点はなく、彼が作戦に口出ししたイギリスとの制空権をかけた戦い「バトル・オブ・ブリテン」で敗北。東部戦線のスターリングラード攻防戦では、空輸作戦に失敗してヒトラーからの信任を失い、これ以降、趣味に没頭し、表舞台から姿を消していく。

戦後、連合軍に収監されたゲーリングは、減量と薬物依存の克服に成功。軍事法廷では無罪を主張し、連合国の検察官がたじたじとなるほどの弁論を展開した。このときの答弁は、彼が頭の回転が速い有能な人物であることをうかがわせるもので、戦時中の無能ぶりは麻薬中毒のためとも考えられる。結局、裁判では死刑判決を受けたが、刑の執行を拒んで青酸カリによる服毒自殺をとげた。

陸軍
海軍
空軍

撃墜されても生還する不死身のエースパイロット

アドルフ・ガランド

◆一九一二年〜一九九六年　◆最終階級／中将

■一日に二度も撃墜されながら生還する

一九一二年、アドルフ・ガランドはヴェストファーレンで生まれた。幼いころにはじまった第一次世界大戦の影響もあるのか、空へ強い憧れをもっていたガランドは、十代のころからすでにグライダーを飛ばしていたという。

一九三二年ガランドは、ルフトハンザ航空学校へ入学する。この当時、ドイツはヴェルサイユ条約で空軍の保持を禁止されていたが、水面下では空軍の再建が計画されており、民間の航空会社であるルフトハンザでは、空軍のパイロットとなる人材を極秘で育成していた。イタリアで戦闘機パイロットの訓練を受けたガランドは、一九三四年の卒業と同時に少尉に任官し、一時的に歩兵連隊に配属された。

一九三五年、アドルフ・ヒトラーがヴェルサイユ条約を破棄して空軍が復活すると、ガランドは第二戦闘航空団「リヒトホーフェン」に配属。翌年のスペイン内乱では「コンドル軍団」に中尉として所属し、「ミッキー・マウス」隊の指揮官とな

って三百回以上の出撃任務をこなした。しかし、乗機が旧式の複葉機だったため、ガランドは対地任務に専念せざるを得なかった。翌年、ヴェルナー・メルダースに中隊を引き継いでドイツへ帰還すると、ダイヤモンドスペイン十字章を授章した。

一九三九年のポーランドとの戦いでは、地上攻撃教導航空団の中隊長として五十回の出撃任務をこなして二級鉄十字章を授与された。当時は対地任務が評価されていたガランドだったが、本人は戦闘航空団への転属を希望しており、一九四〇年二月にようやく第二七戦闘航空団に転属し、念願の戦闘機パイロットとなった。

一九四〇年の対フランス戦では、作戦開始から十日間で五機を撃墜し、ガランドは名実ともにエースとなった。また、六月には第二六戦闘航空団「シュラゲーター」の指揮官に就任し、フランスとの戦いで十七機を撃墜した戦功により、騎士十字章を授与された。七月にイギリスとの戦いである「バトル・オブ・ブリテン」がはじまると、ガランドは中佐に昇進。九月までに四十機を撃墜して柏葉騎士十字章を授けられたが、イギリス本土の制空権の確保はできなかった。

この年末の時点で、ガランドは撃墜スコアを五十八機まで伸ばしていたが、同じ空軍のエースである、第五一航空団司令官のメルダース（撃墜数六十八機）とともに華々しい戦果が宣伝に利用され、多くの人に名を知られるようになる。

翌年の六月、ガランドは一日二度撃墜されながらも生還し、剣付柏葉騎士十字章を授章した。ヒトラーやヘルマン・ゲーリングは、知名度があがったガランドの戦死で空軍の士気が下がることを恐れ、彼に出撃しないよう命じたが聞かなかった。

■戦後は航空関連企業のコンサルタントになる

一九四一年の十一月、メルダースが事故で死亡すると、ガランドは中佐ながら戦闘機総監に抜擢されて十二月に大佐へ昇進。しかし、彼はさらに飛び続け、翌年の二月にはスコアを九十四機にまで伸ばして、ダイヤモンド剣付柏葉騎士十字章を授与された。また、直後の「ツェルヴェルス作戦」では、ドイツ艦隊を護衛して無事に英仏海峡を渡った功績により、十一月には全国防軍中最年少の三十歳で、少将に昇進している。

一九四三年、自らジェット戦闘機Me262の試験を行い、その高い性能に驚いたガランドは、ゲーリングに配備を申し入れた。しかし、ヒトラーが同機を爆撃機として使用する事を望んでいたため、配備は先延ばしとなってしまう。

このころから、ガランドはゲーリングと衝突することが多くなり、一九四五年一月には解任されてしまうが、ヒトラーのとりなしで直後に復帰。自由裁量権を与えられて司令官に就任した彼は、名だたるエースたちに声をかけ、Me262による第四四戦闘団を編制し、自らもMe262に搭乗して出撃した。しかし、撃墜されて入院し、そのまま終戦を迎えることになる。戦後、ガランドはアルゼンチン空軍の技術顧問などを経たのち、ドイツ航空産業のコンサルタントとなって活動する傍ら、旧ドイツ空軍の名誉回復に尽力。一九九六年二月に八十三歳で亡くなった。

ハッソ・フォン・マントイフェル

世界最強の師団を指揮し、連合国にも名を轟かせた勇将

◆一八九七年～一九七八年　◆最終階級／大将

■騎兵の名門の出ながら、いち早く装甲部隊の運用法を研究する

ハッソ・フォン・マントイフェルの生家は、代々馬術に長けた騎兵将軍を輩出する名門軍人の家系であり、彼もまた騎兵隊に入隊して第一次世界大戦を戦った。戦後は一流の馬術競技の選手としてその才能を如何なく発揮し、馬術界の伝説的存在であり続けた。

一九三〇年代前半、陸軍内部では、首相に就任したアドルフ・ヒトラーのあと押しを受けて、ハインツ・グデーリアンを中心に装甲部隊の創設と兵科の機械化を推進する動きがあったが、従来の歩兵や騎兵をあずかる保守派の将校が反対し、対立が起きていた。騎兵軍人の名門出身であるマントイフェルは、当然ながら騎兵隊を擁護する立場にあったはずだが、柔軟な思考で装甲部隊の中に次世代の騎兵の役割を見出した。いち早くグデーリアンを支持する側に回ったマントイフェルは、若手の騎兵将校達にも少なからぬ影響を与えた。

このの ち、マントイフェルは完全に機械化されたオートバイ狙撃兵中隊長を経て、装甲師団の教官と自動車兵監部を兼任した。この経験で、装甲師団はドイツが戦略的に目指していた敵の早期攻略のための、切り札になり得ると確信したマントイフェルは、一九三九年に少佐へ昇進したのち、装甲部隊の運用法を徹底的に研究したのである。

■世界最強の師団を東部戦線で指揮、勇名を轟《とどろ》かせる

一九四一年に開始されたソ連への侵攻作戦である「バルバロッサ作戦」では、マントイフェルは自動車化した歩兵連隊を戦車部隊に追従させることでひとつの戦闘部隊として機能させ、自身の研究成果を十分に発揮。その結果、モスクワ＝ヴォルガ運河に一番乗りを果たして騎士十字章を受章した。

一九四二年七月からの北アフリカ戦線転属を経て、一九四三年八月に再び東部戦線に復帰したマントイフェルは、キエフを攻略してドイツ軍の四~五倍という圧倒的な戦力で西へ進撃してくるソ連軍に対し、エルヴィン・ロンメルから学んだ欺瞞《ぎまん》戦術による撹乱戦法で対抗。機動力のある小部隊で戦線を突破し、敵の軍司令部や通信施設を後方から叩いて、しばしば全軍の行動を麻痺させることに成功した。

こうしたマントイフェルの指揮ぶりは、優秀な装甲部隊指揮官としての名を高めることとなり、彼をロンメルやグデーリアンに次ぐ指揮官と判断したヒトラーから、

一九四三年に柏葉騎士十字章を授けられた。

この年、マントイフェルは連合軍から世界最強の師団といわれた「グロース・ドイッチュラント」の師団長に着任すると、翌年にはキロウォグラードで大包囲戦を展開したソ連軍に奇襲戦をしかけて大打撃を与えたり、リガ付近で包囲された友軍を救出するなど、卓越した手腕を存分に発揮。大将に昇進したのち、第五装甲軍司令官として西部戦線へ転任した。

このころ、マントイフェルに厚い信任をおいていたヒトラーは、アルデンヌ攻勢の計画を命令した。このときマントイフェルは、投入可能な部隊の質の問題から、作戦の実施は不可能と判断し、実現不可能な計画であると直言している。

しかし、ヒトラーはあくまで攻勢の実施を厳命し、マントイフェルに作戦の大部分を立案させた。この結果、マントイフェルの予想通り、ドイツ軍は大打撃を受けて敗退することになったが、マントイフェル自身が指揮した装甲軍は敵陣深くまで侵攻し、かなりの戦果をあげることに成功。この功績により、全軍で二十四番目のダイヤモンド剣付柏葉騎士十字章を受章することとなった。

戦後、マントイフェルはアメリカ軍の捕虜となったが、戦犯として裁かれることもなく釈放され、西ドイツで政治家として活動している。また、優れた戦術家として連合国にまで名が知られていた彼は、戦史家としても活躍。彼の機甲戦術や装甲部隊の編制理論は、アメリカやイギリスの装甲部隊の強化や育成に影響を与えた。

若くして元帥になった急降下爆撃機戦隊の指揮官

ヴォルフラム・フォン・リヒトホーフェン

◆一八九五年〜一九四五年　◆最終階級／元帥

陸軍　海軍　空軍

■シュトゥーカ戦隊とともにあった生涯

ヴォルフラム・フォン・リヒトホーフェンは、第一次世界大戦の伝説的エースパイロットである、マンフレート・フォン・リヒトホーフェンの従兄弟にあたる。

第一次世界大戦で、騎兵隊から航空隊へ移ったリヒトホーフェンは、戦後に大使館付武官の待遇でイタリアへ派遣され、イタリア空軍を研究。航空実務の習得に励む。帰国後は技術開発局長に就任し、観測機や急降下爆撃機の開発にあたった。

一九三六年、スペインで内乱が発生すると、ヒトラーは義勇軍という名目で「コンドル軍団」を派兵する。参謀長として参戦したリヒトホーフェンだったが、実質的にはほとんどの指揮を担当することになり、有名な「ゲルニカ村の爆撃」も、彼が立案・指揮した作戦である。この内戦での教訓から、地上部隊への「近接航空支援」こそ空軍最大の任務と確信したリヒトホーフェンは、それまで懐疑的だったシュトゥーカ（急降下爆撃機）戦隊の指揮官となった。

このリヒトホーフェンは、対ポーランド戦や、西方戦線における対オランダ・ベルギー戦でシュトゥーカ戦隊を率いて成果をあげ、シュトゥーカとともにその名を高めていく。対イギリス戦では、シュトゥーカの速度の遅さという欠点が露呈したものの、バルカン作戦や東部戦線でも高い戦果をあげ、一九四三年二月、四十八歳という全軍中でももっとも若い年齢で、元帥へと昇進した。同年九月からはイタリアへ転属し、南方戦線の総司令官ケッセルリンクの巧妙な持久戦術に協力し、連合軍の進撃を大幅に遅らせることに成功した。

一九四四年に脳腫瘍の手術のため退役。翌年には入院したままアメリカ軍の捕虜となるが、病が悪化し捕虜収容所内の病院で亡くなった。

敗戦で縮小していた海軍を再建した立役者

エーリッヒ・レーダー

◆一八七六年〜一九六〇年　◆最終階級／元帥

陸軍
海軍
空軍

■ヴェルサイユ条約下で海軍の再建に力を注ぐ

第一次世界大戦での敗北により、ヴェルサイユ条約の制限を受けたドイツ海軍は、沿岸防衛すらままならないほど縮小されていた。

第一次世界大戦で、海軍中佐として戦争に参加していたエーリッヒ・レーダーは、さまざまな役職を経て大将へ昇進。同時に海軍統帥部長官に就任して海軍の実権を握ると、あくまでヴェルサイユ条約の枠内でポケット戦艦などを開発し、ドイツと諸外国との海軍における戦力差を埋めようと尽力する。

一九三三年、アドルフ・ヒトラーが首相に就任すると、ヴェルサイユ条約破棄を前提とした軍備増強計画を命じられ、レーダーは戦艦や巡洋艦など、大型の戦闘艦の建造を推進。イギリス海軍に対抗しうる海軍を創設するという、十年計画を立てた。

しかし、一九三九年に第二次世界大戦が勃発すると、物資を大量に消費する海軍の十年計画は中断することになる。計画の中断とレーダーの予想より早い開戦によ

り、水上戦力の増強が不十分だったドイツ海軍は、カール・デーニッツらが提唱していた、潜水艦で敵の補給路を絶つという、商船襲撃戦略を主軸とすることになった。

しかし、レーダーも独自にポケット戦艦による商船襲撃作戦を立案。単艦による活動ながら、開戦直後の三ヶ月間で計九隻を拿捕《だほ》ないし撃沈する戦果をあげ、イギリス海軍の戦力を一部、釘付けにすることに成功している。

海軍の再建に力を尽くしたレーダーは、同じく海軍再建を目指したヒトラーを支持していたが、海軍の役割や用法については衝突することも多かった。そして、ヒトラーが海軍に対する信頼を失うにつれて関係は悪化し、一九四三年にレーダーは提督を辞任している。

ギュンター・フォン・クルーゲ

抜群の知性で東部戦線の快進撃を支えた「お利巧ハンス」

◆一八八二年～一九四四年　◆最終階級／元帥

陸軍
海軍
空軍

■「タイフーン作戦」で大戦果をあげる

プロイセン王国の将軍の息子として生まれたギュンター・フォン・クルーゲは、仕官学校時代に知的能力が群を抜いていたため、同期生からは童話を引用して「お利巧ハンス」と渾名《あだな》されていた。

第一次世界大戦を陸軍大尉として戦い抜いたクルーゲは、そのままワイマール共和国軍に残され、一九三六年までに中将へ昇進していた。

一九三九年に第二次世界大戦が勃発すると、第四軍の司令官として対ポーランド戦やフランスとの戦いに参加。対フランス戦での戦功で元帥に昇進。一九四一年、対ソ連への侵攻作戦「バルバロッサ作戦」が発動すると、クルーゲはここでも第四軍を率いて中央軍集団に参加。独ソ不可侵条約を信じていたことで、完全に不意を突かれる形となったソ連軍の戦線を突破し、快進撃を続けた。

同年九月、クルーゲはモスクワ攻略作戦である「タイフーン作戦」に参加。ヴィヤー

ジマの包囲作戦では第九軍と連携し、六十万人近いソ連兵を捕虜にする大戦果をあげた。しかし、冬になるとソ連軍の大規模な反攻がはじまりドイツ軍は各地で敗走。翌年、クルーゲは解任されたフェードア・フォン・ボック元帥の後任となり戦線の崩壊を防いだが、一九四三年に自動車事故に遭い、戦線を離脱する。

一九四四年、クルーゲは、ゲルト・フォン・ルントシュテットの後任として、西部方面司令官に就任し、現場へと復帰。しかし、七月にヒトラー暗殺計画が起きると、クルーゲの元参謀が反ヒトラー運動に関与していたため、暗殺事件への関わりを疑われ解任される。

その後ヒトラーへの忠誠を誓った遺書を残し、服毒自殺で命を絶った。

アドルフ・ヒトラーと対立、クーデターも画策した謀将

フランツ・ハルダー

◆一八八四年〜一九七二年　◆最終階級／上級大将

■ドイツの快進撃を支えた恐るべき頭脳のもち主

フランツ・ハルダーは、バイエルンで三百年に渡り軍人を輩出した名家に生まれる。第一次世界大戦では参謀として従軍。歩兵将校として激しい戦いを生き残ると、戦争終結後も軍に残って軍隊局（実態は参謀本部）に勤務した。

一九三二年ごろからハルダーはアドルフ・ヒトラーの人となりを知っていたとされ、一九三三年にヒトラーが政権を獲得したのちも、距離を置いていた。

一九三八年、チェコスロバキアへの侵攻を主張するヒトラーに抗議した、総参謀長のルートヴィヒ・ベックが辞任し、ハルダーが後任となる。

ハルダーは、ヒトラーの指示通りにチェコへの侵攻作戦を立案する一方で、ヒトラーを戦争犯罪人として逮捕しようというクーデターも画策した。しかし、チェコ侵攻後に開かれたミュンヘン会議では、周辺諸国が宥和《ゆうわ》政策ととったためにヒトラー勝利という結果に終わり、クーデター計画も中止せざるを得なくなった。

この後、ハルダー率いる参謀本部は、一九三九年のポーランド侵攻作戦、四〇年のフランス侵攻作戦、四一年のソ連侵攻作戦と、毎年のように作戦を立案し、ドイツ軍は連勝を重ねた。

しかし、ソ連との戦いにおいて緒戦の快進撃に気をよくしたヒトラーは、ウクライナ地方の占領を主張。参謀本部の反対を押しきってキエフでの作戦が実行されたものの、ここで費やした時間が冬の到来を招き、モスクワ攻略の失敗に繋がるのである。ハルダーはこのあともヒトラーと衝突し続け、翌年更迭となった。

一九四四年、ヒトラー暗殺未遂事件が起きると、ハルダーの過去の計画が明るみに出てダッハウ収容所へ送られるが、アメリカ軍により解放された。

ヨーゼフ・ディートリヒ

護衛隊をまとめあげ、軍事組織化した親衛隊大将

◆一八九二年〜一九六六年 ◆最終階級／上級大将

■アドルフ・ヒトラーの護衛隊を軍事組織に育てる

ヨーゼフ・ディートリヒは、第一次世界大戦では野砲部隊に所属し、大戦末期に新設の戦車部隊へ転属。初期の戦車戦を経験して、最終的に曹長で退役した。

大戦後は、警察へ入署すると同時に右翼団体にも属し、そののちナチス党へ入って一九二三年にアドルフ・ヒトラーが起こしたミュンヘン一揆に参加。親衛隊が発足すると、ディートリヒは早々に親衛隊指揮官となり、ヒトラーが首相へ就任した際には「アドルフ・ヒトラー親衛隊」の隊長に任命されている。このことから、彼がヒトラーの厚い信任を得ていたことがうかがえる。のちにディートリヒは突撃隊のエルンスト・レーム一派粛清の指揮を執り、この功績で親衛隊大将に昇進した。

ディートリヒは、この親衛隊をヒトラーにのみ責任を負う軍事組織にするつもりだったらしく、隊の拡張と装備の充実に力を注ぐ。こうした努力もあり、第二次世界大戦の開戦当時、親衛隊は自動車化歩兵連隊へと発展しており、対ポーランド戦

では第八軍に軍隊として参加した。
一九四〇年の対フランス戦や翌年のバルカン半島侵攻作戦では、ディートリヒは連隊となった部隊を率いて戦う。これらの戦いでは、総統命令無視や独断行動を起こしながらも、まったく咎《とが》められなかったばかりか勲章まで授与されている。これは、ヒトラーがディートリヒと自分の名を冠したこの部隊を、特別に好んでいたためである。
こののち、ディートリヒは西部戦線の「ラインの守り作戦」や、ソ連に対する「春の目覚め作戦」に参加した。最後は苛烈《かれつ》な報復が予想されるソ連軍への降伏をさけるため、独断でアメリカ軍の前線であるオーストリアに向かい、そこで降伏して多くの部下の命を救った。

パウル・ハウサー

武装親衛隊を装甲軍団に仕立てあげた特務部隊の長

◆一八八〇年〜一九七二年　◆最終階級／上級大将

陸軍
海軍
空軍
武装親衛隊

■自ら鍛えた武装親衛隊を率いて各地で奮戦

プロイセン将校の家に生まれたパウル・ハウサーは、父と同じ軍人の道を選び、第一次世界大戦では歩兵中隊長として各地を転戦。一九三二年に中将で退役した。

退役したハウサーは、右翼団体「鉄兜団」に所属したが、アドルフ・ヒトラーが政権を握ると突撃隊に吸収された。こののち、ハウサーは大戦時代の戦友の勧めで親衛隊へ移籍し、親衛隊の中に準軍事組織の設立を考えていたヒトラーから、親衛隊の幹部学校（軍でいう士官学校）の設立と運営を一任されて校長に就任した。

ヒトラーが構想する親衛隊は警察の特殊部隊のようなものだったが、ハウサーはこの特務部隊を軍のエリート特殊部隊のように、徹底的に鍛えあげた。

第二次世界大戦勃発後、対ポーランド戦で投入された、親衛隊の働きを評価したヒトラーは、ハウサーへ本格的な親衛隊による師団編制を指示。武装親衛隊が正式に誕生し、ハウサーは対フランス戦で新設の親衛隊特務師団を率いて戦った。

　この特務師団はフランス戦終了後に再編され、改名を重ねた結果、最終的に「ダス・ライヒ」と命名される。ハウサーが率いるこの部隊は、一九四一年にはじまった「バルバロッサ作戦」における奮戦で勇名を轟《とどろ》かせ、ヒトラーの命により装甲師団へと拡大。ハウサー自身も十月付けで親衛隊大将に昇進したが、直後に敵の攻撃で右目を失い戦線を離脱する。

　一九四三年、ハウサーは東部戦線に復帰。自慢の親衛隊装甲軍団を率いて数々の戦いに参加。「第三次ハリコフ攻防戦」では重要な働きをした。

　連合軍の「オーバーロード作戦」がはじまると、ハウサーは第七軍の司令官となり、アメリカ軍の攻撃を支え続けた。

多国籍軍を指揮してソ連軍の猛攻に耐えた鉄壁将軍

ヘルベルト・ギレ

◆一八九七年〜一九六六年　◆最終階級／大将

陸軍　海軍　空軍　武装親衛隊

■防衛戦の手腕が評価され師団長になる

ヘルベルト・ギレは、十七歳のときに士官候補生として砲兵隊へ入隊し、第一次大戦に参加。大戦の終戦を中尉で迎えると、翌年の一九一九年には退役して、農園の管理人を務めていた。

一九三四年、パウル・ハウサーが創設した親衛隊特務部隊に入隊。第二次世界大戦が勃発すると、武装親衛隊「ゲルマニア」連隊の大隊長として対ポーランド戦に従軍。第一級鉄十字章を授与された。一九四〇年のフランス戦が終了すると、武装親衛隊の再編制にともなってギレも親衛隊師団「ヴィーキング」に転属となり、砲兵連隊長として対ソ連戦に参加した。

ギレは、南ロシアのロストフにおける攻防戦で活躍し、一九四三年五月に「ヴィーキング」の師団長となる。このころの東部戦線では、ソ連軍の猛反撃によってドイツ軍が劣勢に追い込まれつつあったが、ギレは「ヴィーキング」師団を率いてよ

く戦い、ソ連軍の猛攻に耐え続けた。

特に、一九四四年のチェルカッシー包囲戦では、自身の部隊だけでなくベルギー人部隊の「ワロニエン」義勇軍や第四親衛隊「警察」装甲擲弾《てきだん》兵師団なども共闘。多国籍の部隊をよく団結させてソ連軍の包囲網を突破し、この功績で剣付柏葉騎士十字章を受章。

続くコヴェルでは、包囲された友軍二個連隊を、負傷者二百名ごと見事に救出する働きを見せ、ダイヤモンド剣付柏葉騎士十字章を授与された。

こののち、防衛戦の手腕が評価されたギレは第四親衛隊装甲軍団長となり、ポーランドやハンガリーで戦った。

一九四五年、ブタペストが陥落すると、オーストリアへ後退して終戦を迎えた。

ヘルマン・バルク

◆一八九三年〜一九八二年　◆最終階級／大将

■数々の味方の危機を救った機動防御の達人

一九三九年、第二次世界大戦開戦時は中佐で連隊を牽引していたが、それからわずか五年ほどで、大将として軍集団を率いたのがヘルマン・バルクである。

開戦以来、フランス、ギリシャと転戦してきたバルクは少将に昇進し、第一一装甲師団長として、一九四二年夏にソ連軍との戦いが待つ東部戦線へと転属する。ちょうど、この年の秋にはソ連軍による大反攻で、スターリングラード攻略中のドイツ第六軍は包囲され、第六軍以外でもそこかしこの戦線がソ連軍に破られていた。その危機的状況の中、バルクは師団を率いて、味方戦線を突破したソ連軍をすばやく撃破して回り、味方の危機を救ったのだった。

まさに機動防御の達人である。そののち、一九四四年に西部戦線へ、一九四五年にはハンガリーへと転戦。独降伏時はオーストリアで米軍の捕虜となった。彼はナチスに批判的であったのにもかかわらず、アドルフ・ヒトラーからの信頼が厚い将軍のひとりでもあった。実績と有能さの証左といえるだろう。全軍で二十七人しか受章していない、ダイヤモンド剣付柏葉騎士十字章の十九番目の受勲者でもある。

フェードア・フォン・ボック

◆一八八五年〜一九四五年 ◆最終階級／元帥

陸 海 空

■緒戦の殊勲にもかかわらず二度も罷免された悲将

フェードア・フォン・ボックはポーランド侵攻時には北方軍集団、フランス戦時にはB軍集団を率い、功績をあげた将軍。フランス戦においては将官十二人を含む多数の捕虜を得て、またノルマンディーなどの攻略の功績で、元帥に昇格している。

ソ連との緒戦では、東部戦線のドイツ軍の中でもっとも戦力が充実した中央軍集団を指揮し、最終目標である首都モスクワを目指した。しぶとく抵抗するソ連兵や、ロシアの悪路、ぬかるみに悩まされながらも進撃を続ける。しかし、モスクワ前面まで迫るものの、損害を省みないソ連軍の猛烈な反撃、伸びきって十分に機能しない補給線、さらには厳しい冬の季節の到来のため、モスクワ攻略は失敗。その結果、アドルフ・ヒトラーによって、ボックは司令官を解任される。

翌年、南方軍集団司令官となるが、軍の作戦指導について、ヒトラーと意見が対立したことにより、一九四二年七月にまたもや彼は罷免されてしまう。

このあとは現役を引き、予備役となった。彼の最後はドイツ降伏の一週間前に、空襲により死亡という実にツキに見放されたものだった。

ヴィルヘルム・リスト

◆一八八〇年〜一九七一年　◆最終階級／元帥

陸軍　海軍　空軍

■一時はバルカン半島全軍の指揮を任されるも活躍の場を奪われた将軍

一九三九年のポーランド侵攻時、第一四軍司令官として首都ワルシャワ包囲の進路を阻害するクラクフを見事に抜いたヴィルヘルム・リストは、フランスへの西方電撃戦時ではゲルト・フォン・ルントシュテットのA軍集団の下、第一二軍司令官として功績をあげ、元帥に昇進した。さらにギリシャ攻略のため引き続き第一二軍を率いてブルガリアにあったリストは、政変の起きたユーゴスラヴィアにも侵攻する。ユーゴスラヴィアを十三日間、ギリシャを二十四日間で制圧したこの戦いで、リストはバルカン半島に展開する全軍の指揮をも任されていた。一九四二年夏、コーカサス地方の油田を目指す、A軍集団の司令官に任命される。だが、アドルフ・ヒトラーと意見がかみ合わず、わずか三ヶ月ほどで罷免される。

第二次世界大戦当初には、司令官の地位にあって活躍したリストは見事な戦果をあげて元帥にまでなった有能な将軍であり、ヒトラーへの忠誠心ももち合わせていたが、彼もまたヒトラーとの意見・見解の相違から更迭され、二度と日の当たる場所で活躍することはなかった。

陸軍 海軍 空軍

エルンスト・ウーデット

◆一八九六年〜一九四一年 ◆最終階級／上級大将

■悲劇的最期を迎えた元エースパイロット

第一次世界大戦では六十二機撃墜のエースであったエルンスト・ウーデットは戦後、曲芸飛行家として活躍していたが、かつての戦友で、空軍総司令官となったヘルマン・ゲーリングに呼び戻され、新型機の開発責任者となる。そして生まれたのが、電撃戦とセットで語られる急降下爆撃機「Ｊｕ87シュトゥーカ」だ。

さらに軍用機生産の全権までも与えられるようになり、ウーデットの尽力あって第二次世界大戦開戦時までにドイツ空軍は有力な戦力を整えることができたのだった。しかし、英仏海峡を挟んで戦われた航空戦「バトル・オブ・ブリテン」では、戦闘機の短い航続距離やシュトゥーカの速度の遅さ、双発爆撃機の爆弾搭載量の少なさなどの弱点を露呈してしまう。

また、ドイツ空軍のあり方が、もっぱら地上軍を支援することに重点をおいた戦術空軍だったこともあり、結局この戦いは敗北に終わる。

ウーデットにはその立場上、非難が集中し、ノイローゼとなってしまう。第一次世界大戦の元エースの最期は拳銃自殺であった。

クルト・シュトゥデント

◆一八九〇年〜一九七八年　◆最終階級／上級大将

陸軍
海軍
空軍

■「緑の悪魔」と恐れられた降下猟兵の生みの親

パラシュートやグライダーなどで空挺降下し、空から奇襲をかける部隊「降下猟兵」をドイツで初めて創設したのがクルト・シュトゥデントだ。ソ連軍による世界初の空挺部隊の創設に刺激を受けた彼は、一九三八年に空挺部隊の創設に着手する。そして、西方電撃線において世界で初めて空挺部隊が実戦に投入された。フランス国境の要塞群「マジノ線」を避けて通過する予定のオランダ・ベルギーに対して、シュトゥデントは進軍の障害となりうる要塞や橋梁を、降下猟兵を用いた奇襲で見事に奪取している。

一九四一年にはバルカン半島占領により緊要性が増したクレタ島の奪取が計画され、シュトゥデントは一ヶ月に満たない準備期間、陸上戦力は二万名の空挺部隊のみで攻撃をかける。しかし、この降下作戦はクレタ島占領に成功したものの、三十パーセント以上の損害を出す苦い結果となった。それ以降は大規模な空挺作戦は行われず、降下猟兵は実質歩兵となるが、その精強さはなおも恐れられた。なお、戦後は西ドイツ連邦共和国において軍に復職し、西ドイツ連邦軍総監となった。

ロベルト・フォン・グライム

◆一八九二年〜一九四五年　◆最終階級／元帥

陸
海
空

■劣勢の中配下の戦闘機部隊を引き抜かれた空軍司令官

ロベルト・フォン・グライムは自殺する数日前にアドルフ・ヒトラーの命により元帥へ昇進した将軍である。第一次世界大戦で二十八機を撃墜した元エースで、敗戦後、中国国民党の空軍顧問を務め、一九三五年に新生ドイツ空軍に入っている。対フランス戦後、その功績で大将に昇進し、第五航空軍を率いて「バトル・オブ・ブリテン」を戦った。その後、ソ連を相手にした東部戦線へと転戦し、南方軍集団を支援。一九四三年には上級大将となり第六航空隊を率いたが、ドイツ本土への戦略爆撃に対応するために配下の戦闘機部隊を次々と引き抜かれ、飛行機の燃料にも事欠き、彼が戦局に寄与することは難しくなっていた。

その後、本国へ部隊とともに撤収していた彼は、ソ連軍包囲下にあるベルリンへ呼び出され、対空砲火により足を負傷しつつも女性飛行士ハンナ・ライチュの操縦により廃墟となったベルリンへ降り立つ。そしてゲーリングの後任として空軍司令官となったが、彼の指揮すべき部隊は皆無に等しかった。戦後英軍の捕虜となったが、ソ連に引き渡されることを知り、服毒自殺した。

COLUMN

将軍の階級章

各軍隊の個性が表れる階級章

階級章とは、軍人が各々身分を認識しやすいようにしたものを指している。階級章の種類は軍服の肩に付ける肩章や、襟章などがある。

たとえば、下地のラインの入り具合や色で尉官なのか佐官なのかを判別することができ、星のマークの数で少佐なのか中佐なのかをひと目で判別できるようになっている。通常、星の数が多いほど上級者となる。

また、国の違いや陸軍、海軍、空軍の違いで意匠が変わり、凝ったデザインのものもあれば、階級章のアウトラインも一様ではない。

■ドイツの階級章

ドイツ 武装SS上級大将の襟章

ドイツ 陸軍大将の襟章

ドイツ 空軍元帥の襟章

一風変わったスタイル。柏の葉を意匠に取り入れているのが特徴的。

■日本海軍の階級章

大将

中将

小将

星が桜の花になっているのが、陸軍との大きな違い。将官の地色は黄色である。

■日本陸軍の階級章

大将

中将

小将

オーソドックスに星の数で階級を示す。将官の階級章の下地の色は黄色。

PART 3

日本の将軍

装備や技術力の遅れを精神力でカバーしようとした組織

日本の軍隊

●数が足らず少数精鋭主義を取らざるを得なかった

日本の近代的軍隊の伝統は明治以降のことである。海外から軍事教官を招聘《しょうへい》し、世界標準に追いつこうと、陸軍はドイツ、海軍はイギリスに倣《なら》って近代的軍隊を建設していった。

第二次世界大戦参戦前、日本は支那事変（日中戦争）に突入していた。政府の強硬な態度によって、陸軍は泥沼化した戦争に兵力の約半数近くを拘束されており、軍の近代化も進んでいなかった。海軍は比較的恵まれ、空母を含む大艦隊という豊富な戦力を所持していた。ちなみに、航空戦力は陸海軍それぞれに航空隊が存在したのみで、独立した空軍組織はなかった。

ところで、日本軍全般に関していわれる精神主義は、列強の仲間入りを果たしたとはいえ、実情は決して豊かではない日本にとって軍を精強に保つための、止むを得ない方策であった。つまり、数を揃えられないため、少数精鋭主義を狙ったのだ。

しかし、近代戦に大きく影響する工業力や科学技術力も真に一流とはいい難く、装備の質を向上させることで戦力の向上を狙うことは難しかった。また、自律的に任務を果たすという、義務感が薄弱であったことも考えられる。

練度も士気も高いと思われた日本軍であったが、日露戦争では上級者の戦死や大量の損害などの要因で一挙に士気が低下し、敵前逃亡や投降などの事例も過去には存在していた。

結果的に誤りとされているが、各兵士個人の士気を高く保つべく教育を施したことにより、かろうじて日本軍は戦力を高い水準に保てたともいえる。

このように根本的に立ち遅れたまま、世界屈指の国々との総力戦に突入した結果、陸海軍は誕生以来、日清、日露、第一次世界大戦、三つの対外戦争で勝ち得たものすべてを失い、自らの存在にも終焉を迎える結末となっている。

「マレーの虎」と呼ばれた緒戦の殊勲者

山下奉文《やましたともゆき》

◆一八八五年〜一九四六年　◆最終階級／大将

陸軍　海軍　空軍

■戦史に残る勝利を収め、戦犯として刑死した将軍

「太平洋の電撃戦」とも呼ばれた、マレー、シンガポール攻略戦。第二五軍を率いて、その快挙を成し遂げたのが山下奉文である。陸軍の幼年学校、士官学校、大学校とエリートコースを歩み海外経験も豊富であったが、皇道派であったため、統制派の東条英機に疎まれて閑職に追われることもしばしばだった。

敗色濃厚なフィリピン防衛戦の指揮官として赴任し、そこで捕虜となるが、のちに軍事裁判で死刑判決を下され、刑死する。戦争初期の活躍で「マレーの虎」とも呼ばれた名将の悲しい最期であった。

■なぜ南方作戦が必要だったのか

連合国と開戦するにあたり、必ず攻略すべきとされたのが、原油をはじめ資源を産出する東南アジアであった。たとえば燃料がなければ飛行機も艦船も動かない。

資源に乏しい日本が世界大戦に足を踏み入れる以上、戦いを継続するために必ず押さえておかなければならない地域であった。そもそも日本が開戦に踏み切った要因には、石油禁輸という経済封鎖があり、石油の必要性は切迫していたのだ。

そのための南方作戦だが、各方面に戦線を張る日本には投入できる兵力は多くなかった。それ故にこの作戦は、段階的に作戦目標を攻略することになっていて、時間の経過は敵に準備の時間を与えるため、日程の狂いは許されなかった。南方作戦はまさに時間との戦いであった。この南方作戦における第一段階の目標がフィリピン、そして山下の第二五軍が担当するシンガポールであった。

■戦争全体の行方を左右するシンガポールを攻略

元々、シンガポール攻略自体は、同盟国ドイツの意向も働いていた。イギリスに対する海上封鎖戦略の一端として、東アジアからの補給遮断効果を狙っていた。シンガポール陥落間近、英首相ウィンストン・チャーチルは死ぬまで戦えと打電した旨を自著に記している。たしかにシンガポール失陥は大きな痛手と受け止められた。

対して日本では当初、俎上《そじょう》にも乗せていなかったが、のちに作戦計画を練る。南方作戦の資源地帯を押さえても、シンガポールが健在な限り、そこは連合国軍の有力な反撃拠点となりうる。シンガポールはまさに南方作戦の、ひいては戦争全体の死命を制する重要目標であった。

シンガポールを攻略するためには、要塞に守られた海からでなく、陸からでなければならなかった。しかしこの陸路は敵前上陸し、熱帯のジャングルを縫う千キロメートルの悪路を走破しなければシンガポールまで辿り着けない。この過酷な作戦の指揮官について慎重に人選した結果、山下が担当することになったのだった。これは彼の勇猛さと兵からの信望の厚さ故である。

また、新編された彼の第二五軍には全五十一個師団中三個しかない機械化師団の二個までが編入され、一年近く前から仏印で訓練を積んだ。

一方、イギリスも戦争に備えて東洋艦隊を増派し、陸上兵力もシンガポールに送り込んでいた。この英東洋艦隊の出撃により上陸部隊は大打撃を受ける可能性があったものの、基地航空隊の活躍によりこれを撃破。第二五軍は無事上陸した。しかし、コタバルでは敵前上陸となり、激戦の末これを破って市を占領している。

上陸はしたが、これからが本番であった。日本軍を三ヶ月は阻止しうるとした防衛陣地「ジットラ・ライン」をわずか一日で突破、途上で五倍の敵兵力を相手に激しい戦闘を繰り広げ、不眠不休で猛進撃する。そして予想より遥かに短期間の五十五日間で、シンガポールとマレーの間のジョホール水道に達したのであった。

疲労困憊《こんぱい》の極みにある部隊だが、早期攻略の重要性や自部隊の抽出転用の期日が迫っていることを知る山下は攻撃を続行、ついに水道を渡り、英豪印軍十万と倍する敵が守備するシンガポールへ突入する。兵力差に悩みつつも敵軍への給水を断つべくブテキマ高地を攻略し、守備隊司令官のアーサー・パーシバルは降伏した。作戦開始後七十九日のことである。

その後の降伏交渉で、有名な「イエスかノーか」と迫ったとされるが、これは、単に回りくどい通訳に降伏の意志の有無を尋ねただけのものがひとり歩きしたのだ。彼は降伏後のパーシバルの要望を受け入れて自軍の入城を禁じ、十万もの敵軍の武装解除を円滑に進めている。戦闘では任務遂行のため勇猛、降伏した敵には道義で接する。これが名将、山下の人となりであった。

■名将を待っていた、悲劇的結末

開戦劈頭《へきとう》のこの輝かしい大勝利にもかかわらず、山下は日本に戻ることなく満州へ飛ばされる。前述の東条に疎まれていたがためである。難事が済めば彼は用済みだったのだ。ソ連に備える重要な任務ではあるが、実際の戦闘はない。彼を必要とする戦線はいくらでもあったであろう。日本にとり、この情実人事は痛手であったことは間違いないといっていい。

一九四四年、フィリピンの第一四方面軍司令官として、ようやく前線に復帰するが、あまりにも時期を逸していた。前任の司令官がフィリピン防衛に関し述べた正論が中央に受け入れられずに更迭され、フィリピンの作戦地図も見たことがない山下が急遽引っ張り出されたのだ。彼は前司令官の、ルソン島に主力を集めて決戦し、他島は持久という策を至当なものとして、それに沿って防備を整えることにした。これは大本営すら既定路線としていた。

しかし台南沖航空戦の戦果誤認により敵情を甘く見た、上級司令部たる寺内寿一の南方総軍司令部と大本営で、レイテ決戦案が盛りあがりを見せる。戦況をほぼ正確に推察していた山下は論理を尽くして寺内を説得したが、彼は上官で軍紀は破れない。レイテ島は敵の大軍の前に、無駄な兵力投入を行ったうえで惨敗し陥落した。さらにルソン島にも敵が上陸。既に破綻した防衛計画を前に山下は持久戦をはかり、マニラを解放し、山地に軍司令部を置く。

しかし、海軍と陸軍航空隊はマニラに固執する。このマニラに残った海軍を中心とする部隊が熾烈な市街戦を行ったことで、民間人が多数巻き添えになった。のちに、この責任を山下は取らされる。

八月十五日まで山下は継戦するが、敗戦を知り降伏。自刃するつもりであったが、それは利己的であるとして、自刃を取り止める。部下を玉砕させずに投降させて、生きて日本に帰らせることを優先したのだ。

しかし、彼を待っていたのは、裁判の名を借りたダグラス・マッカーサーの報復劇である。死ぬより辛い恥辱を浴びせられた山下に、止めをさすよう絞首刑の判決が下る。彼は遺言で戦死した部下達の遺族に詫び、自律的な義務の履行(自由を弁える)や科学技術の振興(精神主義の批判)を新生日本に訴えてこの世を去った。

南雲忠一《なぐもちゅういち》

戦局を左右する重大な戦いに何度も臨んだ提督

◆一八八七年〜一九四四年　◆最終階級／中将

陸軍
海軍
空軍

■不慣れな機動部隊の指揮を任された不運

かつて帝国海軍のお家芸とされた水雷夜襲戦術の第一人者で海上勤務も長く、猛将とまで評された提督が南雲忠一である。しかし、日米開戦後はもっぱら不慣れな空母機動部隊を任された、ある意味で不運な提督でもある。彼が現場で指揮を執ったハワイ作戦（真珠湾攻撃）、ミッドウェー海戦など、勝敗を問わず非難が存在しているのだ。彼の最後の職務は中部太平洋方面艦隊司令官で、司令部を置いたサイパン島にて幕僚とともに自決した。

■計画当初から反対していたハワイ作戦

大半が反対していた真珠湾への奇襲攻撃だが、南雲も反対の立場であった。さらに彼は空母という艦種の打たれ弱さに不安を感じてもいた。誰よりも早く作戦構想を明かされた大西瀧治郎までもが、リスクの高さを理由に山本五十六へ作戦中止を

進言したくらいであるから無理もない話ではある。

作戦途上にあっても「えらいことを引き受けてしまった。うまくいくだろうか?」と参謀長に心情を吐露してしまっている。初めて指揮する畑違いの機動部隊を率いての作戦であり、なおかつ国運を賭けた一戦に挑まねばならない責任の重さを考えると、彼の心情は察するにあまりある。

いざ攻撃がはじまると大戦果をあげたものの、第二次攻撃で軍港の燃料タンクなど戦果拡大を狙うことなく引きあげた。第二次攻撃の必要性を訴える意見具申も、この場に留まることの危険性から却下している。

預かった虎の子の機動艦隊を無傷で連れ帰ることのほうが、彼にとって重要だったのである。ただし、彼の司令部の幕僚達も同様の判断を下しており、彼ばかりを責められはしないであろう。

■ミッドウェー海戦にて、大敗を喫する

ミッドウェー海戦においても彼は機動部隊を率いたが、参加した正規空母四隻すべてを失う羽目に陥っている。しかし、ここでも彼ばかりを責めるのは酷である。ミッドウェー作戦は開始前からアメリカ軍に露見しており、しかも敵を過小評価して、いざというときに相互支援できないアリューシャン方面にも戦力を分派している。これは現場の指揮官である南雲にはどうしようもないことである。

結果は発艦準備中の飛行甲板に敵爆弾が命中して誘爆したため、三隻の空母は一挙に戦闘力を失うこととなってしまった。残る「飛龍」だけが一矢報いたが、反撃にあって自沈。惨敗である。

このときの第二次攻撃隊出撃は、先に出撃した攻撃隊収容のあとに行われており、陸用から艦船用の兵装に転換せず、そのまま出撃すべきであったとする意見もあるが、南雲は正攻法に従ったまでである。ただ結果論だが、彼の偵察がおろそかであったことは間違いなくミスであった。また蔓延していた敵を侮る空気も、指揮官たる南雲は引き締めるべきであったろう。

その後の南太平洋海戦において、ミッドウェーの反省を踏まえた厳重な偵察により彼は辛勝を収めている。しかし、南雲自身は乗艦が被弾し、途中で退避している。敵空母に止めをさしたのは隷下の角田覚治率いる第二航空戦隊の奮戦であった。そのため、ここでも退嬰的《たいえいてき》な指揮ぶりを批判されることになる。

■年功序列人事の弊害による被害者

彼我《ひが》の戦力差が味方に有利なときはともかく、拮抗して喰うか喰われるかの戦いのとき、積極性に欠けた状態にある彼は指揮官として適任ではなかった。

しかし、もっとも問題なのは、彼の指揮や適性に疑問をもちつつも機動部隊の指揮官として使い続けた上層部にあろう。

陸軍
海軍
空軍

今村均《いまむらひとし》

指揮能力と人望を併せもった日本軍屈指の名将

◆一八八六年〜一九六八年　◆最終階級／大将

■人格者として有名な将軍

戦争末期、敵勢力圏内に孤立したラバウルにあって、敗戦まで自活して部隊の統制を保った将軍が今村均である。また敗戦後に捕虜となり、戦犯として十年の刑期を巣鴨プリズンで過ごすことになったが、アドミラルティ諸島のマヌス島において、劣悪な環境下に戦犯として服役している元部下達と過ごすことを志願して認められ、同所閉鎖とともに最後に復員する部下と一緒に帰国している。

また、戦時中のことはすべて自分に責任があり、部下に責任はないと主張して部下を庇《かば》った、部下想いの人物でもある。

今村は軍人としては温厚な人柄で、彼が占領地で敷いた軍政は非常に穏健なものであった。オランダによって政治犯として逮捕され流刑に処されていた、のちの初代インドネシア大統領スカルノを解放し、軍政の協力を願ってもいた。スカルノの意志を尊重し、たとえ協力を拒否したとしてもスカルノの名誉と生命財産は守ると

いう、その真摯《しんし》な申し出に、本人は軍政に協力しつつ民族独立をはかっている。その縁でスカルノは、オランダの軍事法廷に出廷するためジャワに拘留された今村を脱獄させようと試みた。しかし部下を気遣った今村は、自分のみが助かることをよしとせず、スカルノの申し出を拒んだという。

帝国陸軍には何かと悪名ばかりが高い高級将校も多いが、彼は現在も評価の高い名将のひとりである。

■予想を覆す迅速な蘭印攻略

彼の名将たる所以は、何も彼の人柄によるものだけではない。一軍を指揮する将官としても、優れた実績を残している。一九三八年から一九四〇年まで第五師団長として中国国民党軍を相手に転戦した今村は、一九四一年十一月に蘭印（オランダ領東インド、現在のインドネシア）攻略の第一六軍司令官となっている。日本の第二次世界大戦参戦一ヶ月後の一九四二年一月、蘭印攻略の火蓋は切って落とされた。

海を挟んだ大きな島々による広大な戦域であるため、今村は蘭印の政庁があるジャワ島の外郭となる北側の島々から攻略することにしていた。そして、ボルネオ島、セレベス島で確実に、かつスピーディーに地歩を進めていく。セレベス島メナドでは日本初の空挺作戦も行われ、飛行場占領に一役買っている。

また、この作戦の最重要課題は、ジャワ島の東にあるスマトラ島の油田地帯、パレンバンを無傷で奪取することであった。そのため彼は、ジャワ島攻略に取りかかる前、空挺作戦を用いて奇襲し、混乱した敵に施設破壊の暇を与えず、油田の設備を奪取することを目的とした。そして、空挺部隊約三百名がパレンバンの製油所と飛行場に降下、占拠に成功し蘭印最大の油田地帯をほぼ無傷で手中にした。

その後も攻略のスピードは衰えず、三月九日、残る敵軍は降伏し、作戦開始後約三ヶ月という迅速な蘭印攻略を成し遂げた。作戦前から予定されていた増援部隊が日本本土を出発する前のことであった。

■敵重囲下のラバウルにて自活

今村は占領した蘭印で善政を敷いていたが、一九四二年にガダルカナル島の劣勢で、不穏な戦線を立て直すために新設された第八方面軍司令官として転出し、ラバウルに進撃した。そしてガダルカナル島は失陥し、ニューギニアでも連合国軍の反攻がはじまる。制空権も制海権も敵の手中にあり、今村はラバウルに補給もなく孤立するが、彼は畑を耕し食物を栽培して現地自給をはかった。

また、敵の攻撃に備えて防備を固めることにも余念がなく、連合国軍はラバウル攻略を諦め、孤立化させるにとどめたのだった。そのため、敗戦まで日本軍の占領地のまま残ることになる。

戦後、復員した今村は自宅にひきこもり、軍人恩給のみで質素に暮らしたという。

小沢治三郎《おざわじさぶろう》

機動部隊の生みの親、最後の連合艦隊司令長官

◆一八八六年〜一九六六年　◆最終階級／中将

陸軍　海軍　空軍

■空母を用いた戦術の先覚者

小沢治三郎は最後の連合艦隊司令長官である。彼の就任は敗戦の三ヶ月前でろくに戦力も残っておらず、帝国海軍にとって遅きに失したものであった。

戦前、第一航空戦隊司令官の小沢は、山本五十六に、空母を集中運用する機動艦隊の編制を意見具申し、第一航空艦隊の編制、のちのハワイ作戦を発想させるきっかけを与えている。彼はまさに空母戦術というものに精通していた提督であった。

しかし、自らが提案した第一航空艦隊司令長官にはなれなかった。年功序列人事は南雲忠一にその任を与えたのだ。彼が空母機動部隊を指揮するようになるのは、開戦約一年後であった。

同じ水雷畑とはいえ、世界初の空母を集中配備した艦隊を構想した、いわば機動部隊生みの親の小沢と、これが初の機動部隊の指揮官という南雲である。適材適所の逆をいく、その後を考えれば、悔やまれる人事であった。

■陸軍も絶大な信頼を寄せる、清廉実直な人柄

第一航空艦隊を指揮する前にも、海軍大学教官、同校長に就く以外、常に艦長、戦隊長として海上勤務を積んでおり、戦時の指揮官として望ましい提督であった。

そして開戦劈頭《へきとう》、彼は南遣艦隊司令長官として、陸軍と協調してこれを支援し、陸軍の作戦に貢献した。（マレー沖海戦で活躍した基地航空隊の司令官、松永少将は小沢の指揮下）作戦目的達成に一心した彼にとって陸海の抗争は無縁であり、陸軍からの信頼も厚く「いくさの神様」とまで呼ばれた。彼自身、「海軍の人は陸軍ともっと突っ込んで話し合うといいのにね」と語っていたという。

■遅すぎた機動部隊司令長官への就任

ミッドウェー海戦後、敵空母一隻を沈めるも、南太平洋海戦で損耗した第三艦隊。その司令長官となった小沢だが、まずなすべきは航空隊の再建であった。艦載機の搭乗員は狭い空母に発着するため、陸上基地のそれよりも高い技量を要し、養成時間も手間もかかる。しかし「い号」「ろ号」各作戦ともに未練成の航空隊を陸上（ラバウル基地）に抽出され、いずれも戦果はあげるものの甚大な損害を受けた。小沢が機動部隊を指揮する機会はないまま、航空隊の再建で時は過ぎていった。

そしてようやく彼が機動部隊司令官として活動できるときが来る。一九四四年、

マリアナ諸島攻略の米艦隊を迎撃すべく編制された第一機動艦隊司令長官となったのだ。「損害を省みない。大局上必要なときは一部をあえて犠牲にする。通信連絡が思わしくないときは、指揮官は独断専行せよ」とこの重大な一戦にかける決意のほどを示した。また「航空戦は量だよ」が自論の小沢にとって、倍近い敵機動部隊とまともにぶつかるわけにはいかない。そこで採用されたのが「アウトレンジ戦法」である。自軍航空隊の足の長さを生かし、敵航空隊の攻撃圏外から繰り返し反復攻撃しようというものであった。

しかし、対空レーダーによって攻撃隊は察知され、適切に誘導された敵戦闘機の迎撃を受けてしまう。さらにアメリカの秘密兵器「VT信管」を用いた濃密な対空射撃の前に、攻撃隊は壊滅的打撃を被り、反撃を受け空母三隻を失い惨敗した。

熟練搭乗員でさえ困難な長距離飛行は、まだ未熟な搭乗員が大半の攻撃隊には荷が重いものであった。これは彼も含めた上層部の自軍戦力に対する認識不足である。翌日「難しい作戦をやらせ、戦死させ、まことに申し訳ないことをした」と小沢は述懐した。

その後のレイテ沖海戦では、小沢の機動部隊は急遽囮《おとり》という役目を命じられる。ここが死所だと悲壮な覚悟でこの任に望んだ彼は、四隻の空母すべてを失いつつ囮《おとり》任務をまっとうするが、生き残ってしまう。彼は多くの部下を死なせた責任を重く受け止めて、亡くなるまで清貧に暮らしたという。

優れた戦術眼と部隊統率力を有した硫黄島の名将

栗林忠道《くりばやしただみち》

◆一八九一年〜一九四五年　◆最終階級／大将

陸軍
海軍
空軍

■文才にも恵まれた多才多芸な人物像

栗林忠道は優れた戦略戦術眼や統率力で、硫黄島を守備した将軍である。硫黄島での激戦は、近年映画にもなり、日本でもよく知られるようになっている。

彼はアメリカ、カナダへの駐在体験があり、陸軍の中では数少ない対米開戦反対論者であった。

また、陸大を次席で卒業した優秀な人材ではあるが、陸軍幼年学校からではなく陸軍士官学校から陸軍入りしたため、将官の中ではエリートとしては遇されなかったようで、同期に比べ昇進が早いわけではなかった。

しかし、幼年学校から陸軍入りしなかったことが、かえって彼の視野の広さ、柔軟な思考につながったという話もある。

また文才にも優れ、陸軍省勤務時代には、軍歌の選定や制作に携わったこともあるという、まことに軍人にしては多才多芸な人物であった。

■最前線となるであろう硫黄島にあえて司令部を置く

彼の実戦経験は第二三軍参謀長として一九四一年の香港攻略に参加したことくらいである。その後の一九四三年に内地の留守近衛師団長に就任する。そして翌年の一九四四年に第一〇九師団長、次に第一〇九師団を基幹とする小笠原兵団長も兼ねることとなり、彼の死地となる硫黄島に赴くことになった。ちょうどマリアナ諸島がアメリカ軍により攻略された時期と重なる。

小笠原兵団は小笠原諸島を管轄し、その司令部は父島にあった。父島は通信設備や兵站《へいたん》設備が充実しており、管轄地域内では司令部としてもっとも適していた。しかし、マリアナ諸島陥落の戦況を見た栗林は、硫黄島に司令部を移す。硫黄島には整備された飛行場があり、また戦略上より重要な位置にあるため、父島より先に硫黄島に敵は上陸してくると考えたのだ。実際、硫黄島を占領したのちのアメリカ軍は父島を攻略しなかった。マリアナ諸島から日本本土を爆撃するB29を護衛する護衛戦闘機の基地として、また損傷した爆撃機が帰還中に一時退避する基地として硫黄島を活用した。

必ず最前線となるであろう危険な場所に自ら司令部を置いたことは、指揮官先頭を地で行く勇気ある行動であり、また来るべき戦いの焦点をよく見極めたものであろう。そして硫黄島に赴任したその日以来、最後のときまで島を出ることはしなかった。自分の不在時にアメリカ軍が上陸してくるような事態を避けるためである。

■米軍に多大な犠牲を強いた、優れた戦術眼と部隊統率力

それまでの日本の島嶼《とうしょ》防衛は、上陸中の敵部隊を総力をあげて叩く、水際撃滅であった。これは決戦思想で失敗すれば以後の継戦能力を大きく損なう。事実、敵制海空権下での、水際撃滅は甚大な被害を出し、上陸を許したあとは早々に組織的戦闘力を失っていた。しかし栗林は、縦深防御により組織的戦闘力を保ちつつ、少しでも長く敵を消耗させ得る、持久戦術をとることとしたのだ。

そのために必要なのは、猛烈な海空からの砲爆撃に耐えうる強固な、そして何より敵に存在を気づかれない防御陣地である。そして、硫黄島の環境に即した地下壕のネットワークづくりに着手する。劣悪な環境下、作業は困難を極めたが、栗林自らが兵と寝食をともにし、徒歩で隅々まで視察して回った。通常の将官ではあり得ないほどの率先垂範の指揮統率は、兵の士気を大いに高めたのである。これなくして、硫黄島守備隊の悲壮な、しかし見事な戦いぶりはなかったであろう。

約七十日間に及ぶ爆撃のあと、山容を変えるほどの準備砲爆撃が三日あり、敵軍は上陸した。硫黄島守備隊は三倍以上の戦力を擁する敵を相手に、死よりも辛いであろう困難な戦闘を、小さな島で一ヶ月以上も続けたのだ。しかし矢尽き刀折れ、最後の総攻撃を敢行。栗林は最前線に立ったというが、その最期は不明である。

沖縄戦の陸軍指揮官

牛島《うしじま》 満《みつる》

◆一八八七年〜一九四五年　◆最終階級／中将

陸軍
海軍
空軍

■沖縄戦を指揮するにふさわしい将軍

沖縄戦を戦った第三二軍司令官が、牛島満である。物事をよく部下に任せたが、責任は自分で負う、公平さと正直さを併せもった温厚な人柄であったという。第二次世界大戦時は、ほぼ陸軍士官学校校長など軍の教育機関に配属されており、第三二軍司令官職が久しぶりの指揮官任務であった。

以前に、中国戦線で歩兵第三六旅団長を率いて南京や武漢の攻略などに参加し、一番乗りの武勲を挙げ、次にソ連に備える関東軍の精鋭第一一師団長を務めたこともあった。

軍務に対して脇目もふらずに邁進する真面目さと、人の上に立つ長としての人徳は、厳しい状況下の司令官として最適であったと考えられている。

しかし、陸軍内部における彼の軍人としての評価は、おおむね凡庸であるというものに止まっていた。

■兵力抽出により防衛方針の転換を迫られる

彼が第三二軍の司令官として、沖縄に赴任したのは一九四四年の八月である。その時点で、絶対国防圏であるはずのマリアナ諸島はアメリカ軍にすでに占領され、海軍の空母機動部隊も実質壊滅していた。

このため、沖縄防衛の緊要性は大きく高まることになった。牛島を司令官に任ずる以外に、精鋭の三個師団や一個砲兵旅団が送り込まれた。特筆すべきは砲兵旅団で、大小二百門以上を装備しており、これほどの火力が太平洋の島嶼《とうしょ》戦に配備されたのは日本軍初のことである。これらにより強化された第三二軍と水際決戦構想をもって、牛島は防衛陣地の構築、敵上陸軍の橋頭堡《きょうとうほ》攻撃の訓練など、防衛戦の準備に余念がなかった。

しかし赴任二ヶ月後、フィリピンのレイテ島にアメリカ軍が上陸すると、彼の第三二軍は戦力の抽出を求められる。レイテ島にて決戦を挑むことにより、ルソン島防衛の兵力が足りなくなり、さらにその代償として台湾の第一〇軍への穴埋めが必要とされたのだ。牛島と彼の司令部は極めて当然ながら、強硬に反対し意見書を出すことまでしたが、結局は一個師団を転用すべしとの命令が下る。

一個師団を引き抜かれた第三二軍は兵力を大幅に減らすこととなり、既定の防衛方針の見直しを迫られることになる。そして現状に則して、水際撃退でなく持久遅滞戦闘を行うことを新しい方針としたのだった。

■何倍もの敵を相手に一ヶ月で五キロしか前進させない

一九四五年四月、ついにアメリカ軍が沖縄へと侵攻してきた。ほぼ無血で上陸を果たしたアメリカ軍であったが、第三二軍の主陣地線にぶつかると攻撃は停滞した。敵制空権下で第三二軍は、何倍もの敵兵力を相手に一ヶ月で五キロメートルの進出しか許さなかったのである。

しかし、兵力抽出による戦力配置転換のため放棄し、上陸初日に占領されていた飛行場の奪還を要望する督戦の電報が、第三二軍の上級司令部、航空隊、海軍など、多方面から寄せられる。これに抗《あらが》いきれず牛島は持久戦の方針を捨て、積極攻勢の命令を下す。しかし、わずかに一個大隊が敵戦線を突破し要地を確保したものの、地面を耕すかのような敵砲の暴風雨を前に、前進はならなかった。結局、攻勢は中止となり、第三二軍司令部は五月末には首里から摩文仁へと撤退していく。

六月十三日には海軍守備隊の太田実中将が司令部壕内にて自決。海軍部隊は玉砕した。摩文仁の軍司令部も敵軍により、各前線の部隊間は寸断され、命令もまともに通らなくなった。六月十九日、「局地における生存中の上級者はこれを指揮し、最後まで敢闘して悠久の大義に生くべし」と牛島は最後の命を出す。これが長期持久を果たした第三二軍の終焉であった。そして二十三日、牛島は割腹自決した。

バターン攻略の責任をとらされた悲運の文人将軍

本間雅晴《ほんままさはる》

◆一八八八年〜一九四六年　◆最終階級／中将

陸軍
海軍
空軍

■寡兵をもって善くフィリピンを征する

太平洋における緒戦で日本軍はアメリカの植民地フィリピンを攻略したが、要害バターン半島にこもって抗戦したアメリカ軍に苦戦する。そのフィリピン攻略を指揮した将軍が本間雅晴である。

十九世紀末からアメリカの植民地であるフィリピンは、東アジアにおけるアメリカ軍の重要な根拠地であり、開戦時には現地軍を含め十万以上の兵力が展開していた。これを攻略すべく命を受けた本間の率いる約四万の攻略部隊はフィリピンに上陸する。この上陸に先立ち、脅威となるＢ17を筆頭とした敵の航空戦力などを空爆により無力化し、制空制海権を手中にしており、堅実な戦いぶりで戦況は優位に推移していた。

一方、アメリカ軍指揮官のダグラス・マッカーサーは、当初全土防衛を期していたが、首都マニラを放棄し全部隊をバターン半島へ移動、地形に拠る策に転換する。

■本間雅晴を苦悩させたバターン半島の攻略

米西戦争で、バターン半島にこもるスペイン軍がアメリカ軍を悩ませた前例があり、戦力保持をはかれば守りやすい地形に拠るのは明白である。

本間及び彼の参謀もこれを認識しており、敵軍主力を撃滅するには戦力が足りず、またそれを行うなら想定される戦場はバターンであると上層部の大本営に問題提起していた。

しかし、この危惧は検討されることなく、マニラ占領を主目標とする案で開戦。危惧は現実のものとなった。さらに事態を悪化させたのは大本営の方針転換、すなわち、バターン半島の攻略、敵軍の撃破を命じたことである。

バターンの敵戦力を侮って過小評価したのだろうが、この方針転換は本間を痛く苦悩させた。それに追い討ちをかけるように本間の主力部隊を他戦線に引き抜くことまでやってのけたのだ。

これにより、本来後方警備用の二線級部隊によって数・装備ともに勝るうえに守備の有利に立つアメリカ軍を攻撃せざるを得なくなった。第一次攻撃は多大な損害を出し失敗。

ようやく戦力の増加を認められた本間は、待望の増援を受け、第二次攻撃においてバターンの攻略に成功した。

■降伏した捕虜の移送で大量の死者が出る

バターンの在比米軍は降伏したが、その数七万以上と日本軍の予想を大きく超えるものであった。この捕虜達はトラックなど十分な輸送手段がないため炎天下に徒歩で後送されたが、既に蔓延していたマラリヤや赤痢などのため一万名以上が死亡した。これが世にいう「バターン死の行進」であり、アメリカにより戦意高揚のため喧伝された。ただ大量の捕虜を得たとき、待遇の不備により死者を出しているのは米軍でも同じである。ドイツ降伏前後のドイツ兵及び、ドイツ人捕虜は野ざらしの収容所内で十分な食料を支給されずに病死・餓死者を多数出している。膨大な物資補給能力をもつアメリカ軍をもってしても、事態の改善には期間を要したのだ。

■「バターン死の行進」の責任を問われる

本間は第一次バターン攻撃失敗の責任をとらされて予備役に編入されていたが、戦後「バターン死の行進」の責任を問われ、本間の夫人の弁護証言、減刑嘆願も虚しく、フィリピンの地で死刑となった。

当時、相対した敵軍の将軍マッカーサーの、個人的報復ともとれなくはない。ただ刑に臨み、絞首刑でなく銃殺刑で刑が執行されたことによって、本間の軍人としての名誉はかろうじて保ちえたのではないだろうか。

大西瀧治郎《おおにしたきじろう》

航空隊の養成に尽力した特攻の生みの親

◆一八九一年〜一九四五年　◆最終階級／中将

陸軍　海軍　空軍

■柔軟な思考のできる豪傑型飛行機乗り

海戦での戦艦と空母の価値を逆転させた帝国海軍航空隊。その創成期において、航空主兵論を唱え、航空隊の養成に尽力した人物が大西瀧治郎である。これまでの戦艦重視から航空重視に切り替えねば勝利はないと主張しており、将来を正しく読むことができる将軍だった。

また、彼の人となりは、「喧嘩瀧兵衛」と渾名《あだな》されるほど、直情径行な無類の酒好きの豪傑であり、武勇伝には事欠かなかったという。ちなみに酒席の失敗で海軍大学への入試をフイにもしている。しかし、航空主兵論者であったことでもわかるように、ただの乱暴者ではない。彼は真珠湾への奇襲攻撃に反対しているが、その反対理由は一味違う。アメリカ本土に等しいハワイへの奇襲攻撃はアメリカを本気で怒らせて、講和など妥協の余地をなくすことになり、最終的に日本は無条件降伏する結果になるというのだ。彼は透徹した洞察力のもち主でもあったのだ。

■南方作戦において、航空戦力を有効に活用

開戦当初、彼は第一一航空艦隊の参謀長であった。第一一航空艦隊はマレー、ジャワ、フィリピンなどの南方作戦を支援した基地航空隊で、彼は堅実な作戦を献策している。それは味方戦闘機が楽に作戦を実行できる距離内の敵基地へ、航空優勢を獲得してからエアカバーの元に攻略していくものである。その攻略した基地に航空隊が進出し、さらに地歩を進めるものであった。この南方作戦は大成功に終わり、日本軍は南方資源地帯を入手することができたのだった。

その後、東京に戻った彼は、航空本部と軍需省航空兵器総務局にあって、損耗著しい飛行機の増産と搭乗員の養成に尽力している。

■組織的な特攻作戦の展開

航空機が爆弾を抱いたまま敵艦などに体当たりする攻撃手法、この特攻の生みの親としても大西は語られることが多い。彼の指揮下の部隊により、初めての組織的な特攻が為されたからである。

それまでも、被弾や故障で基地への帰還が望めない航空機が敵目標に突入するという事例は存在した。「任務を重視し、死を軽く見る」という搭乗員の熱狂的戦意が、彼らを体当たり攻撃に走らせたのだ。

とはいえ、これらは結果的に行われた自発的なもので、決して体当たりを目的に出撃したわけではなかった。

しかし、大西は第一航空艦隊司令長官に任命され、フィリピンに赴任する前に彼《ひ》我《が》の航空戦力を分析した結果、飛行機で体当たり攻撃をするしか現状打開の方策はないとの考えに達していた。定められた戦術としての特攻である。

すでに海軍内部では特攻について検討されており、専用の兵器も開発が進められていたのだ。もちろん、自ら「統率の外道」と呼ぶほどの非常手段であり、軍令部から許可はもらったものの実行する決心まではしていなかった。

二年半ぶりに前線に赴いた彼であるが、現地に着くと戦況は絶望的でまともな手段では強力なアメリカ機動部隊に対抗できなかった。

かくして、初の組織的な特別攻撃隊が編制され、敵艦に突入することとなったのだ。そして戦果は大きかった。「特攻はこれ限りだ。慣れてはいかん」と言っていた大西であったが、これに並ぶ戦果をあげうる他の戦術に達しえず、以降次々と特別攻撃隊を編成することとなる。そして敗戦までに約二千五百機が特攻機となったのである。

日本敗戦の翌日、彼は次々と死地に送り出した部下とその遺族に詫びるため、割腹自殺を遂げる。介錯を拒み、長時間の苦痛の末にその生涯を閉じたという。彼はひとりで特攻作戦の責任を取ろうとしたのであった。

ミッドウェー海戦で戦果をあげながら自艦と海に沈んだ闘将

山口多聞《やまぐちたもん》

◆一八九二年〜一九四二年　◆最終階級／中将

陸軍　海軍　空軍

■知勇を兼ね備えた帝国海軍きっての頭脳派

日米開戦の前年、一九四〇年に第二航空戦隊司令官に着任。以来、「飛龍」に将旗を掲げ、真珠湾、ウェーク島、ポートダーウィン、セイロン沖で戦った提督が山口多聞である。このときの第二航空戦隊を成すのは「飛龍」と「蒼龍」だが、この二隻は日本では初めて、最初から空母として設計、建造された軍艦である。空母戦の名指揮官が指揮するにふさわしいものであったろう。

山口は元々畑違いであったが、海軍兵学校の同期生である大西瀧治郎に航空の将来性を説かれ、航空畑へ転向している。未だ、海軍における航空機の運用は発展途上の段階に過ぎなかったが、彼はその将来性と価値を理解できる人物であり、日本海軍の航空用兵者としてはトップクラスの先駆者となったのである。

真珠湾攻撃での二次攻撃の必要性を意見具申したことや、ミッドウェー海戦での峻烈な反撃により、彼は闘将、猛将というイメージが先行しがちであるものの、自

己を含め士官には厳しい態度であっても、兵には優しい提督であったという。

また、海軍兵学校を次席で、海軍大学校を主席で卒業するなど、優秀な頭脳をもつ人物でもあった。

■ハワイ作戦の数少ない賛同者であり、真の理解者

アメリカとの戦雲が垂れ込めはじめると、日本海軍では緒戦で大打撃を与え早期講和をはかる、「ハワイ作戦（真珠湾攻撃）」が検討される。

これまでの海軍の対米戦略は、太平洋を西進している敵艦隊を迎撃する漸減戦略とは百八十度違うハワイ作戦に難色を示すものが多い中、彼は大賛成であった。アメリカの国力や、航空戦力の実力をよく理解していたからである。

■惨敗のミッドウェー海戦で一矢報いる

よく知られているように、ハワイ作戦で戦艦群に大打撃を与えて成功を収めたあと、山口と彼の第二航空戦隊は、第一航空艦隊の隷下にウェーク島への攻撃、オーストラリアの軍港、ポートダーウィンを空襲した。さらにセイロン島沖で英海軍とも戦い勝利を収めたあと、ミッドウェー攻略の「MI作戦」に参加する。

この作戦はすでに通信傍受からアメリカ軍に作戦目標が知られており、神出鬼没の機動部隊でもって、ミッドウェー島を奇襲攻略するつもりが、太平洋に配備され

た空母すべてを投入した、いわば敵軍のワナに飛び込むようなものであった。

ミッドウェーの基地爆撃中に、敵空母の存在に気付いた第一航空艦隊であったが、陸上用から艦船用へ航空機の兵装を転換中に、敵攻撃隊の空襲を受け、またたくまに山口の座乗する「飛龍」以外は撃破される。

上官であり、第一航空艦隊司令長官の南雲忠一の乗る旗艦「赤城」も大火災で指揮が執れない状況になった。

山口はその状況を確認すると、「我、残存艦隊の指揮を執る」と発令したのだ。軍隊において指揮権の継承は厳密に順序だてられており、次の指揮権は別の人物にあったが、航空戦を専門としていなかったため、山口は先に指揮権を宣言したのだった。危急のときに下された、この通常の秩序を無視した果断な行動が日本海軍に一矢報いる機会を与えた。

彼は攻撃可能な航空隊を直ちに発艦させ、攻撃隊の早期収容と第二派攻撃隊の攻撃時間を短縮するために、自艦を敵に向けて突進させる。これにより、空母「ヨークタウン」を大破させた。（のちに日本の伊号第一六八潜水艦が、魚雷で撃沈）しかし衆《しゅう》寡《か》敵《てき》せず、残る敵空母により攻撃を受け「飛龍」は大破、その夜、味方駆逐艦の魚雷で沈められた。

彼は総員退去の命令を出したあと、司令官として指揮下の艦艇損失の責任を取るために、乗艦と運命をともにしている。

一億総特攻の魁となった「大和特攻」の艦隊指揮官

伊藤整一《いとうせいいち》

◆一八九〇年〜一九四五年　◆最終階級／中将

陸軍
海軍
空軍

■最後のご奉公を熱望し、軍令部次長から前線指揮官へ

映画などでも知られている、俗にいう「大和特攻」の艦隊指揮を執った提督が伊藤整一である。沖縄に上陸したアメリカ軍へ強力な支援を与える空母を沈めるために、特別攻撃隊を多用した日本軍であるが、その特攻作戦を「菊水作戦」という。その第一号、菊水一号作戦において、航空機による特別攻撃隊と連動して大和は海上特攻をすることとなった。

先のレイテ沖海戦による消耗と損失は、日本軍を組織だった海上作戦行動を行うことが難しいところまで、追い込んでいた。艦艇を動かす燃料も不足し、近海には敵空母や、潜水艦が広がり、列島を繋ぐ海峡はB29から投下された機雷で封鎖され、残存艦艇ももはや港に浮かんでいるだけの存在となっていた。

この終末的状況の中、艦隊勤務を志願していた伊藤は前職の軍令部次長から、大和を旗艦とする、第二艦隊司令長官となる。

これまで海軍全体の作戦を統括する立場の軍令部の中にあって、責任を痛感していた彼は、艦隊指揮官として奮戦し、最後のご奉公がしたいと海上勤務を熱望したのであった。彼は艦長職を歴任し、戦前には戦隊（艦隊のひとつ下のユニット）長も務めたが、戦前に異例の早さで軍令部次長になったエリートであった。

■菊水一号作戦への出撃命令

とはいえ現実の戦況は厳しく、航空機の上空援護もない艦艇が作戦行動をとるのは不可能であり、艦隊解散の意見具申を決断する。彼は不要な弾薬や人員を陸揚げし、艦を浮き砲台として、敵の本土上陸に備えるのが、残された艦艇の有効な使い道とさえ、考えるに至っていた。

だが、そこに沖縄海上特攻の計画がもちあがるのである。海上艦艇の特攻については海軍内部でも賛否両論はあったが、陸海の陸上部隊、航空部隊は沖縄で死闘しているのに、海上部隊は何をしているのだという、純粋に軍事的でない心情的な意見が、大和特攻を強くあと押ししたのであった。

連合艦隊司令部の参謀達を交えた作戦会議という名の説得は、シラけた空気であったという。おそらく誰もが（説得するほうも）、航空機ならまだしも、戦艦で特攻することの無意味さをわかっていたからであろう。

また、伊藤長官は以前から特攻という戦法には賛同しておらず、第二艦隊の艦長達によっても、反対論が声高に唱えられていた。曰く、我々は命は惜しまないが、帝国海軍の名は惜しむ、連合艦隊の最後の戦いが自殺行為になるのは我慢がならない、といったものである。

四年を超える熾烈な戦いの中で死線をくぐってきた、歴戦の武人の言は重みが違う。さらに伊藤自らも、七千人の部下を無駄死にさせたくなく強硬に反対した。

しかし、そのシラけた空気の中、説得役の参謀がこれは連合艦隊司令部の命令であることを伝え、「一億総特攻の魁《さきがけ》となっていただきたい」と意を決して伝える。伊藤はそこで「それなら、よくわかった」と命令を受領したのであった。

その後の部下達への訓示で「我々は死に場所を与えられたのだ」との言葉が情況のすべてを表しているだろう。

■大和とともに坊の岬沖にて沈む

かくして、大和以下、軽巡洋艦一隻、駆逐艦八隻の第二艦隊は沖縄へ向けて、万にひとつも生還の望みがない、最後の航海へと出撃する。そして予想通り、沖縄まで達することもなく、坊の岬沖にて米五八機動部隊の攻撃によって、最後の時を迎えたのだった。

作戦の終焉にあたり、生存者の救出を命じた彼は退艦を拒否し、軍人としての矜《きょう》持《じ》に殉じた。

栗田健男《くりたたけお》

レイテ沖海戦で謎の反転を遂げた不遇の提督

◆一八八九年〜一九七七年　◆最終階級／大将

■栗田健男が反転した本当の理由

レイテ湾突入直前に謎の反転をしたことで、あまりにも有名な提督である。栗田健男が率いた、戦艦群を基幹とする艦隊は、アメリカ軍のレイテ島上陸作戦を支援しているアメリカ輸送船団攻撃が命じられていた。これを撃滅できれば、レイテ島、フィリピン防衛の大きな援護となるはずであった。

先のマリアナ沖海戦で、日本は総力をあげた戦いに完敗を喫したため、海上戦力も航空戦力も、彼我《ひが》の差はさらに隔絶していた。栗田率いる艦隊を目標に接近させるためには、海戦のかつての主役である空母が今や囮《おとり》の艦隊となって、敵の主力部隊を北方に引き離すことまでやっている。しかし、それでも何波もの敵機の攻撃を受け、戦艦「武蔵」など沈没艦の損害を出しつつ（シブヤン海海戦）、レイテ島に辿り着こうとした。そして、主力の空母部隊ではないが、敵護衛空母艦隊と入り混じっての砲撃雷撃、合間に空襲を受けるという激しい戦闘（サマール沖海戦）を経た

あとにもレイテを目指したが、目前になって反転をしている。
戦闘中に栗田が反転した本当の理由は現在も明らかになってはいないが、そもそもこの作戦自体がすでに無茶なものであったといえる。
内容は兵達に華やかな死に場所を与えてやるようなものであった。そのため、残存する海上戦力を完全にすり潰してまで作戦を決行する意味と、費用対効果がレイテ島にあったのかについては実に怪しいところである。
栗田の提督としての評価を判断するのは、戦績を見ても非常に難しいところだが、レイテ沖海戦の発端となった「捷一号作戦」の実施部隊指揮官を命じられた点では、不運な提督であったことは間違いないだろう。

ガダルカナル攻防戦で活躍した第二艦隊司令長官

近藤信竹《こんどうのぶたけ》

◆一八八六年〜一九五三年　◆最終階級／大将

陸軍
海軍
空軍

■山本五十六に次ぐ、古手の提督

アメリカとの開戦時に、第二艦隊司令長官として南方攻略作戦を支援する部隊の総指揮官だった近藤信竹は、連合艦隊の提督の中では、山本五十六連合艦隊司令長官の次席指揮官であった。

このフィリピン、マレー半島、ジャワなど多方面を目標とする作戦中、それぞれの方面を担当する、指揮下の部隊を見事に統率した。

また、彼はそれを陸上からでなく、巡洋艦に座乗して指揮官先頭を率先垂範し、勇気に不足がないところを見せた。

当時、東南アジアにはイギリスが送り込んできた最新鋭戦艦などの存在もあり、決して楽観視できる状態ではなかった。

彼は台湾の台南空から雷撃ができ、長い航行距離をもつ陸上攻撃機を呼び寄せ、脅威を見事に排除したのだった。

ガダルカナルを巡る日米の戦いは、陸上だけでなく海でも空でも熾烈な戦闘が行われ、まさに日米の天王山であったといっても過言でないだろう。
近藤は、第二次ソロモン海海戦で、第二艦隊を率い、陸上部隊に補給物資を揚陸し、ガダルカナル島の米軍飛行場を砲撃し大きな被害を与えた。
しかし、第三次ソロモン海海戦で、再び飛行場砲撃と物資輸送を計画するが、敵艦隊の反撃に遭い、物資の輸送に失敗し、戦艦を一隻喪失してしまう。以後、小さいフォルムで目立たずスピードも早い駆逐艦などが、輸送に従事するようになるのだが、ガダルカナルは次第に飢えていくのだった。
近藤は出撃機会を待つも、以後艦隊の指揮を執ることはなかった。

防衛ラインを縮小し、戦線を建て直そうとした司令長官

古賀《こが》峯一《みねいち》

◆一八八五年～一九四四年　◆最終階級／大将（戦死後、元帥）

陸軍
海軍
空軍

■攻勢から守勢への転換を決意、現状を冷静に判断する

古賀峯一は、山本五十六の戦死後、連合艦隊司令長官となった提督である。彼が司令長官となったその時期は、すでに日本の形勢不利が濃厚な一九四三年であった。

彼はこれまでの戦況と経過を踏まえ、攻勢臨界点を超えて広がった防衛ラインの整理縮小を試みた。そして、間近に迫りつつある米軍の大反攻に備えることを急務とし、「Z作戦」を策定。進攻してくるアメリカ艦隊をおびき寄せ、海と空の総力をあげた決戦で、迎撃するという作戦であった。

しかし、決戦のための兵力整備は進まず、アメリカ軍の攻勢の前に、古賀は後手後手の守勢に立たされる。特に航空戦力の補充が追いつかないのが致命的であった。搭乗員の育成は、一朝一夕にはできず、アメリカ軍との戦闘の度に戦力は消耗する。

トラックからパラオに移した司令部も危険になり、司令部をフィリピンのセブ島に移す。その移動中に、搭乗機が悪天候に遭い彼は遭難死した。

なお、二番機に搭乗していた参謀長の福留繁は漂着した先でゲリラと遭遇し、抵抗もせずにあっさりと囚われてしまった。また、あろうことか「Z作戦計画書」をはじめとした暗号等の機密書類を、処分もせずに奪われてしまう。機密書類はもれなくアメリカ軍に渡り、のちの対日本戦に役立てられてしまったのだった（これらを総じて「海軍乙事件」という）。そのような状況の中で海軍はZ作戦を敢行するが、結果は悲惨なものだった。

実戦部隊のトップである古賀の不運な死は、破滅の坂道を転がり落ちる日本海軍の不吉な将来を予見させるものであった。もし、何事もなくZ作戦が実行されたとしても、日本が勝利することはなかっただろう。

井上成美《いのうえしげよし》

日米開戦に猛反対した理論派提督

◆一八八九年～一九七五年　◆最終階級／大将

■頭脳明晰なリベラル派提督

井上成美は軍政（官僚組織としての軍内の行政、いわば事務方）や教育の手腕に優れていた提督。戦前には艦隊を率いての戦功より、日本の枢軸同盟入りや日米開戦に猛反対し、戦争末期には終戦工作に奔走したことで著名な人物である。

彼は理論派の提督で、相手を論破するに留まらず、ときに徹底的に面罵《めんば》することから「剃刀《かみそり》」と渾名《あだな》され、必ずしも人格円満とはいい難かった。

■珊瑚海海戦で非難を浴びる

実戦での指揮に関して、戦下手と評されることもある井上だが、日米開戦劈頭の一九四一年十二月に第四艦隊司令長官として、グアム島、ウェーキ島を速やかに攻略。その翌月には南太平洋に進出し、ラバウルを占領している。

しかし、ポートモレスビー攻略作戦途上に生起した、史上初の空母対空母の海戦

「珊瑚海海戦」では、戦果追求が不徹底で積極性に欠ける指揮を執ったとされ、戦闘指揮官としての評価を下げる。

敵空母一隻を沈めるも、一隻は止めをさし損ね、自軍の空母三隻中、沈没一隻、中破一隻、残る一隻も航空隊の消耗著しく、井上は独断で攻略作戦を中断したのだった。このとき止めをさし損ねた一隻はミッドウェーに現れて彼我《ひが》の戦力差を拮抗《きっこう》させ、作戦中断は以後の南太平洋での戦闘に支障をきたしたとして、彼に非難が集中した。

以後、海軍兵学校校長として陸にあがることになったが、裏方への左遷とも見えたこの職務は彼にとってはむしろ喜ばしいものだったという。兵学校では英語教育を排斥せずに、戦後も無償で英語を子供達に教えた。

降伏文書に調印した二世元帥

寺内寿一《てらうちひさいち》

◆一八七九年〜一九四六年　◆最終階級／元帥

陸軍
海軍
空軍

■順調に出世コースを歩み元帥へ

寺内寿一の父親（寺内正毅）は陸軍元帥であり、首相も務めたことがあった。いわば彼は、今日でいうところの二世であった。

父親の出世に伴い、息子の彼も軍隊での出世コースを順調に昇っていく。ヨーロッパへ駐在武官として赴任し、参謀本部勤務、師団長、軍司令官となり、一九三五年に大将へ昇進。翌年には陸軍大臣となっている。また、一九三七年に盧溝橋事件が起きると、北支那方面軍の最初の司令官となる。

アメリカとの戦争が迫る一九四一年十一月、南方作戦を遂行すべく編制された南方軍の総司令官に親補《しんぽ》（天皇陛下から直接任命）される。彼の下には山下奉文、今村均、本間雅晴、飯田祥二郎が、それぞれの軍を率いて担当方面を攻略することになっていた。

対米英開戦によって、日本は第二次世界大戦に参戦したが、南方作戦はほぼ順調

に進展し、初期の目的を達した。これにより寺内は一九四三年に元帥へと昇進する。これで寺内は父に続いて親子二代で元帥になったこととなる。

時が経ち、日本軍における戦況は悪化の一途を辿った。米軍のフィリピン侵攻に対し海軍が行った台湾沖航空戦の誇大戦果を寺内は信じてしまう。逆にそれを怪しいと疑い、ルソン島での抗戦を意図する山下に、レイテ島決戦を命令。増援部隊を逐次レイテ島に逆上陸させるも、各個撃破されてしまう。この判断ミスはのちの沖縄戦にも悪影響を与えることになる。

ポツダム宣言受諾後、シンガポールで降伏文書に調印。間もなく、脳溢血で倒れる。その後、抑留先のシンガポールで病死した。

角田《かくた》覚治《かくじ》

見敵必戦！　帝国海軍屈指の闘将

◆一八九〇年〜一九四四年　◆最終階級／中将

■指揮する部隊もなくなり、無念の戦死

角田覚治は、「アリューシャン作戦」や「南太平洋海戦」をはじめ、空母を基幹とした航空戦隊を率いて活躍した提督である。

しかし、彼に与えられていたのは脇役的ポジションであった。一九四三年に基地航空隊として再編された第一航空艦隊司令長官となったが、最後は指揮する航空部隊もなくテニアン島で無念の戦死を遂げた。

南太平洋海戦では、南雲忠一率いる第三艦隊が損傷を受け退避するのと対照的に、角田率いる第二航空戦隊は三次に渡り攻撃をかけて敵空母ホーネットを大破、空母エンタープライズを中破させた。

このとき、航続距離外から攻撃隊を発艦させ、「本艦は全速力で迎えに行く」と速度の出ない商船改造空母を敵に向け疾駆させた。闘将の部下に対する思いやりが偲《しの》ばれるエピソードである。

また無傷のエンタープライズを発見したあとすぐに、一度はホーネットへ向かった攻撃隊をエンタープライズに差し向ける即決の判断と指揮は、見敵必戦のお手本であろう。

その後、第一航空艦隊の司令長官となった彼は一九四四年、絶対国防圏のマリアナ諸島・テニアン島に将旗を掲げることとなった。

しかし、主導権を自由に取れる機動部隊を相手に、動かない地上基地の航空隊を率いる彼の闘志は空回りし、結果として戦力を無駄に消耗する。その後、追い討ちをかけるように上層部の混乱した兵力抽出と転用に次ぐ転用で、ろくに戦わずして彼の兵力は消滅した。彼を活かした人事配置がなされなかったことが悔やまれる。

安達二十三《あだちはたぞう》

◆一八九〇年〜一九四七年　◆最終階級／中将

陸軍　海軍　空軍

■餓死と玉砕の狭間で尽力した司令官

第二次世界大戦の日本軍は、しばしば補給の途絶により、戦闘でなく飢えと病気で死亡者が続出する戦場にあった。東部ニューギニア戦線もその悲惨さで名高い戦場である。その東部ニューギニア守備の第一八軍司令官が安達二十三である。

以前東部ニューギニアにいた部隊は、敵の重要拠点ポートモレスビー攻略を担当し、無謀な作戦と過酷な自然環境により壊滅。そのため安達率いる第一八軍が一九四二年十一月に編制され、すでに確保している地域を守ることとなっていた。

しかし、東部ニューギニア島周辺の空と海は敵軍のものであり、部隊を運ぶ輸送船が沈められるという、実際の戦闘以前に大損害が発生していた。これでは無事辿り着いた部隊に満足な補給は行えない。そのうえ、大兵力で連合国軍は逆上陸をかけて攻勢に出ており、これらとの戦闘でも、第一八軍は急速に消耗していった。司令官の安達自身も栄養失調でやせ衰え、自身の歯をすべて失うほどだったという。

全員が餓死か玉砕かという瀬戸際で終戦となり、部下の復員を見送った安達は、戦犯に問われた部下の判決を見届けたのちに、収容所内で自殺した。

西村祥治《にしむらしょうじ》

◆一八八九年～一九四四年 ◆最終階級／中将

■任務達成のために敗戦濃厚な夜戦を敢行した勇将

帝国海軍が大々的に艦隊を運用しえた最後の戦い「レイテ沖海戦」。西村祥治はそこで任務をまっとうし戦死、開戦直後の「スラバヤ沖海戦」では同等の戦力をもつ英・蘭・豪の艦隊を壊滅せしめた提督でもある。「レイテ沖海戦」発起時の西村艦隊は戦艦二、重巡一、駆逐艦四隻だったが、基幹戦力の戦艦は速力・防御力に劣る旧式艦で燃料や時間の関係から十分な訓練を積めていなかった。

ブルネイの泊地を出航し、主力の栗田艦隊から大きく南寄りの進路をとった西村艦隊は空襲を受けるも脱落艦なく、スリガオ海峡目前へ順調に進んだ。

一方、共同歩調をとる栗田健男が率いる艦隊からは連絡が来なくなり、豊田副武長官から「全軍突撃セヨ」と受電した彼は、優勢な敵艦隊の待つスリガオ海峡へ夜戦をもって突入し、単独でレイテ湾を目指す決心をした。しかし、戦艦六隻を基幹とする四十隻以上の敵艦隊により駆逐艦一隻を除くすべての艦と、西村の座乗する戦艦「山城」は沈没した。「もしレイテ湾突入部隊の指揮官にしていたら……」と、のちに小沢治三郎中将は悔やんでいたという。

木村昌福《きむらまさとみ》

◆一八九一年〜一九六〇年　◆最終階級／中将

陸軍
海軍
空軍

■奇跡的ともいえる救出作戦を敢行した現場叩きあげの提督

木村昌福は、海軍兵学校での成績は下位で、海軍大学へも進学せず、中央の出世コースからは外れた叩きあげの提督である。

見事なカイゼル髭が特徴的な外見通り、豪放磊落《ごうほうらいらく》で勇猛果敢《ゆうもうかかん》、しかし部下には温厚な人柄だったという。数々の海戦に参加し、敵機の機銃掃射で重症を負うが味方を心配させたくないと怪我を隠し、敵輸送船団を攻撃した際には残存艦をすべて退避させ、旗艦自ら殿《しんがり》となり、敵機や敵魚雷艇が付近にいる中、沈没した自艦隊の乗員救助にあたるなどの逸話がある。

木村のもっとも有名な戦歴はキスカ島の守備隊を救出したことであろう。付近に展開する米艦隊のためキスカ島守備隊の救出は困難視されていたが、上層部の批判や催促に動じることなく、キスカ島接近の好機を待った彼は、濃霧に紛れ無血で守備隊約五千名全員を救出したのだった。米軍はその事実を知らず、無人となった島に上陸し、同士討ちで死傷者まで出したという。まさに奇跡的ともいえる救出作戦の成功であった。

宮崎繁三郎《みやざきしげさぶろう》

◆一八九二年～一九六五年 ◆最終階級／中将

陸軍 海軍 空軍

■困難な撤退戦を見事にやり遂げた生粋の軍人

宮崎繁三郎は満州事変最後の戦い、熱河作戦で大隊を率いて戦功をたてた。ノモンハン事件では連隊を率いて従軍し、間もなく停戦となるも「ノモンハン唯一の勝利部隊」と評される敢闘を見せる。まさに叩きあげの前線指揮官である。ひたすら軍務に励み、政治にはまったく口を出さない人物だったという。

第二次世界大戦ではインパール作戦に歩兵団長として参加。進出したコヒマでは一個連隊未満の戦力で数個師団の攻撃を退け、作戦失敗後の撤退戦では千名に満たない部隊で巧みな遅滞戦闘を活発に続けて友軍の撤退を助けた。また、この悲惨な撤退戦の最中でも置き去りにされた他の部隊の傷病者を収容し、死者を埋葬した。

戦後、英軍の捕虜となった宮崎は、捕虜に対する不当な扱いに抗議し、部下を守り続けた。また敗戦で虚脱状態になる部下が多い中、戦場に生き残った我々こそが祖国再建の礎《いしずえ》にならねばと励まし続けた。復員後は自分の功をひけらかすことなく謙虚に過ごしたといい、彼のすがすがしい人柄が現れている。臨終に際しては見舞いに訪れた元部下に、うわ言で最後まで部隊のことを案じていたという。

松永貞市《まつながさだいち》

◆一八九二年〜一九六五年　◆最終階級／中将

陸軍
海軍
空軍

■航行中の戦艦を航空機で撃沈した初の指揮官

一九四一年十二月二日、不沈艦と謳《うた》われた最新鋭の英戦艦プリンス・オブ・ウエールズが、日本に対する牽制のためシンガポールに到着した。そのプリンス・オブ・ウェールズを旗艦とする戦艦二隻・駆逐艦四隻の英東洋艦隊は、十二月八日にマレー半島のコタバル上陸を予定していた日本軍にとって脅威であった。

十二月八日、日本軍は遂にコタバル上陸を開始、英東洋艦隊は上陸作業中の輸送船団を攻撃するためにシンガポールを出航し北上した。サイゴンをはじめインドシナに展開する航空隊の指揮官であった松永貞市は、これに対する攻撃を命じられる。当時、その海域に展開する日本の海上戦力では、対抗が難しかったのである。

天候のため英東洋艦隊の発見には手間取ったが、味方艦隊への接触前に、松永指揮下の航空隊は攻撃を開始。陸攻による雷爆撃でプリンス・オブ・ウェールズとレパルス、二隻の戦艦を撃沈し、見事に任務を果たした。またこれは洋上を航行中の戦艦を飛行機は撃沈できないという当時の定説を初めて破った快挙でもあった。これ以降、軍艦は対空能力の向上に努めるようになった。

豊田副武《とよだそえむ》

◆一八八五年～一九五七年　◆最終階級／大将

陸軍
海軍
空軍

■数々の作戦を立案、指揮した決戦主義者

豊田副武は陸上・海上どちらも満遍なく勤務し、海軍内で抜群の経歴を有した軍人であった。前任の古賀峯一大将の殉職を受け、一九四四年五月に連合艦隊司令長官の任に就く。古賀大将の戦力温存・迎撃作戦と違い決戦主義者であった彼は、全力で米艦隊の撃滅を期する「あ号作戦（マリアナ沖海戦）」を決断した。

ニューギニア北西、サレラ湾口のビアク島に上陸した米軍に逆上陸をしかけようとしたが、さらに手薄になったサイパンへ米軍が上陸するとの報に作戦を中断し、「あ号作戦」を発動。このとき既にビアク島への支援で「あ号作戦」参加予定である基地航空隊は戦力そのものを消耗していた。かくして戦われた「マリアナ沖海戦」で惨敗し、日本の機動部隊は壊滅した。続いて水上打撃戦力によるレイテ湾突入の「捷一号作戦」や、米軍沖縄上陸後の大和特攻の「菊水作戦」と受身に回った状況での非情な作戦指揮を執る。最後は軍令部総長の任に就く。戦前は大の陸軍嫌いもあってか、対米英戦の回避を主張していたが、戦争の終局においては徹底抗戦派であり、そのため海軍内部の和平派からは戦後も非難を浴びていた。

COLUMN

軍隊の一般的な部隊構成

臨機応変な戦闘ができる師団

有史以来、戦争は集団と集団の闘争であり、より効率化され、より耐久力のある組織のほうが有利である。そして、長い歴史を踏まえて下図のような部隊構成へと進化してきた。

部隊の単位としてもっとも重要な単位は師団である。隷下に歩兵や戦車、野砲といったさまざまな兵科の部隊を備えており、それひとつでどのような戦闘にも対応できるようになっている。この戦略単位を指揮するのが、将官だ。

この師団を複数まとめたものが軍団（旧帝国陸軍では軍）であり、戦略に基づき各師団を運用する。

■陸軍部隊の編制例

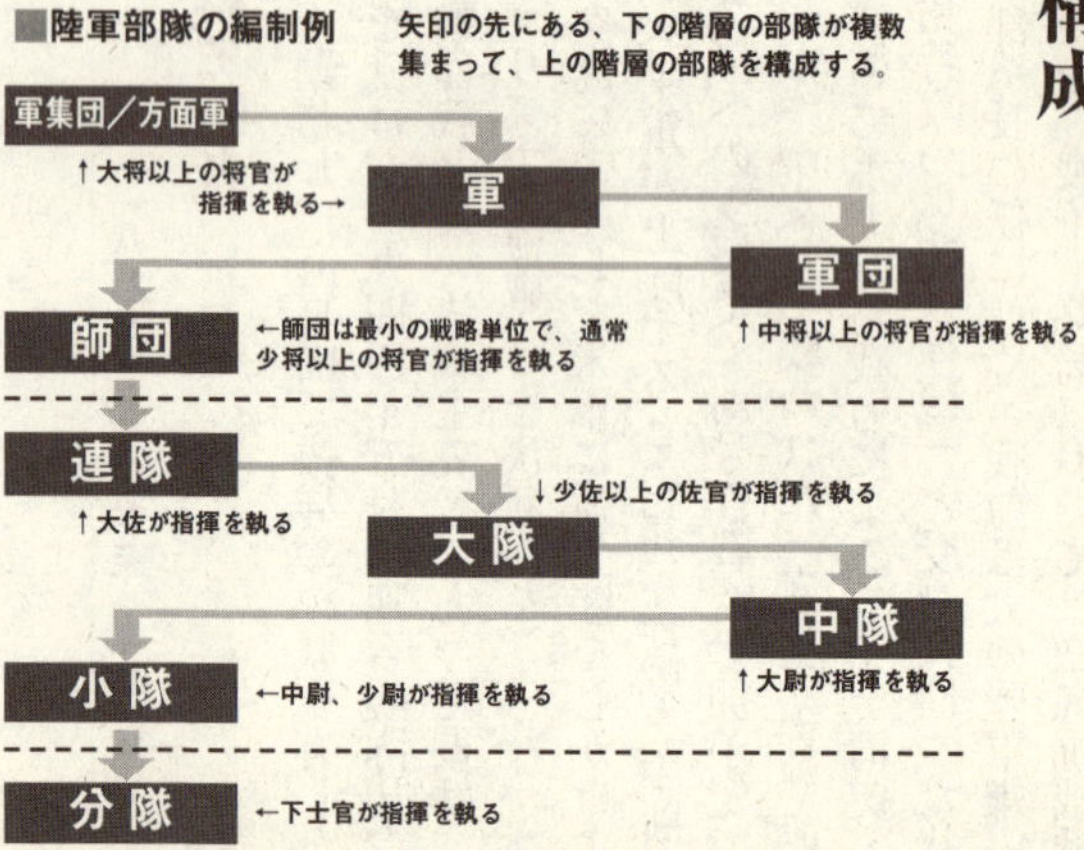

矢印の先にある、下の階層の部隊が複数集まって、上の階層の部隊を構成する。

※一般的な例であり、年代、国、兵科により違いがある

PART 4

イギリスの将軍

イギリスの軍隊

世界屈指の海空軍と機械化された陸軍

＊世界最大の植民地帝国を支えた戦力

多数の植民地を抱え、日の沈まない帝国であったイギリスを支えたのは、絶対王政のころからの伝統を受け継ぎ、これまでも幾多の対外戦争を戦ってきた軍隊である。

世界の隅々に多数の植民地を抱え、第二次世界大戦まで、自国は島国だけに海軍の規模についていえば、他国の追随を許さないものであった。空母に関しては七隻を保持していたものの、旧来の補助兵力としての位置づけを出るものではなかったが、ヨーロッパの他の国々と比べれば、イギリスの海軍力は、輝かしい伝統とともに隔絶した戦力であった。

また、陸海の航空部隊を統合してできた無駄のない空軍は、独立して戦略的な運用ができた。もっとも戦間期の軍縮により保有機数はそう多いものではなかったが、世界トップレベルの技術力を有し、戦前からレーダー網による防空網の構築に余念がなく、それは本土防衛の面で大きな貢献を果たしている。

そして戦争の要である陸軍は、規模こそ小さいものの機械化された常備戦力を所持しており、いざというときにはカナダなどの連邦の国々や植民地などから戦力を投入でき、質量ともに十分なものをもっていた。

しかし、第二次世界大戦で戦場の主役となった戦車の運用に関しては、戦車の本質を長く理解していなかったといえるのかもしれない。戦車を発明した国であり、その運用すべき本質を提唱した先覚者もいたが、主流にはなりえなかった。それは大戦後半までイギリス陸軍の用兵思想では、戦車は歩兵支援専用と対戦車戦闘専用の二種類であったことからもうかがえる。

決して万全な状態で大戦を迎えたわけではないイギリス軍であったが、基礎的な国力の高さに裏打ちされた潜在力をもっていたといってもいいだろう。

北アフリカから枢軸国軍を駆逐した中東司令官

ハロルド・アレクサンダー

◆一八九一年〜一九六九年 ◆最終階級／元帥

陸軍
海軍
空軍

■些細なことにこだわらない、さっぱりとした性格

地中海方面のイギリス軍の反攻を牽引した将軍がハロルド・アレクサンダーである。北アフリカから、ドイツ、イタリアの両軍を駆逐し、さらにシチリア島を制圧。そしてイタリア半島を攻めあがり、イタリアにおけるドイツ軍の降伏を受けた。アレクサンダーはイギリスの生命線・スエズ運河のあるエジプトを守り、北アフリカで見せた素晴らしいリーダーシップを讃えられて、「チュニス伯爵」の称号を受けたのだった。

ダンケルクで、のちの参謀総長アラン・ブルックの指揮下に、バーナード・モンゴメリーとともに戦って以来、ブルックから指揮官として高い評価を与えられた。それだけでなく、人柄についても深い信頼を得ている。アレクサンダーは些細なことにこだわらない、さっぱりした性格だった。のちにその人柄を見込まれて中東軍司令官となり、そして北アフリカで戦うことになるのだ。

■勢いに乗る日本軍を前に撤退する

アレクサンダーの第二次世界大戦における最初の戦場は、大陸派遣軍の第一師団長として駐屯していた北フランスであった。

フランスでの戦いは、ドイツ軍がフランスに攻撃をかけるやフランス軍の戦線は破綻し、ドイツ軍は猛烈な進撃を続けた。その進軍のスピードに対応できなかったフランス軍の指揮系統は上手く機能せず、各所で撃破されていった。電撃戦の洗礼を浴びたのである。在仏のイギリス軍は、ベルギー方面に進出していたが、南に位置するアルデンヌの森をドイツ軍が突破したため、包囲される危険に陥った。

そして、大陸からの脱出口であるダンケルクまで苦しい戦闘が続くのだが、そこで、アレクサンダーの第一師団はブルックの指揮下に入って戦っている。そのときの経験を元に、ブルックはアレクサンダーを高く評価したのだった。

大変な苦境に陥る可能性が高い中、それに影響されることなく、平然としていられるタフさを彼はもっていたのだ。ダンケルクで、彼は最後に撤退した部隊指揮官として知られている。

彼の上官となったブルックはのちに参謀総長となり、イギリス軍全般を取り仕切ることになったため、アレクサンダーの輝かしい経歴を得るチャンスは、ここからはじまった。

そののち、一九四二年一月にビルマ方面の第一軍司令官として、現地に赴任する。そこではイギリスの東アジア経営における一大拠点のシンガポールを落とし、勢いに乗る日本軍が彼の敵であった。

制空権を手中に収めていた日本軍には対抗できず、彼はインドへ撤退した。このときまでは、アレクサンダーにとって耐える時期であった。

■北アフリカでエルヴィン・ロンメルと激突、退却させる

アレクサンダーが華々しい戦果をあげる北アフリカに着任したのは、一九四二年八月、これまで敵の名将エルヴィン・ロンメルに翻弄され、つい二ヶ月前まではスエズに迫る勢いで猛攻をかけられていた中東軍の総司令官になったのだ。

先に現地で更迭された第八軍司令官として、モンゴメリーが上層部で強く推されていたが、一癖も二癖もあるモンゴメリーを上手く使える上官として、アレクサンダーに白羽の矢が立ったのだ。このとき参謀総長となっていたブルックにとって、中東軍総司令官はアレクサンダー以外にはいなかった。

前任のクルード・オーキンレックは、以前に重要拠点トブルクを失陥し、英首相ウィンストン・チャーチルの信を失っており、さらにチャーチルの即座の攻勢要請に反論したことが決定打となり、クビになっていた。

アレクサンダーには一刻も早い攻勢が求められていたわけであるが、前任者オー

キンレックの判断は正しかった。アレクサンダーと同じタイミングで中東軍隷下の第八軍司令官となっていたモンゴメリーも同様の判断で、攻勢には十分な準備期間が必要というものだった。

過去に軍人として死線を潜ったこともあるチャーチルだが、現場の将官からすれば、軍事戦略的には素人同然であった。

第一次世界大戦で海軍大臣であったチャーチルは「ガリポリの悲劇」と呼ばれる悲惨な結果を生んだ作戦を提案し、強引に実行させた前科もある。そして彼はいまや首相であり、自身の政治的生命を守るということが、さらに誤った判断をあと押ししていた。

着任早々にして更迭の危機にさらされたアレクサンダーだったが、彼には強い味方がいた。彼とモンゴメリーをセットで、激しい地上戦が行われている北アフリカに送り込んだブルックである。チャーチルの誤謬《ごびゅう》を修正する参謀総長により、ふたりのクビは繋がったのである。

この間、現地では補給条件の悪いロンメルが半ばしむけられるようにして、エル・アラメインで攻勢に出たが、これを撃退するだけでなく大損害を与えていた。

そして増援を受け、十分な準備を終えた中東軍は攻勢に出る。損害を受けていたロンメルはこれを支えきれなかった。ドイツ、イタリア軍は各自バラバラに退却し、戦線の舞台はエジプトからリビアへと移る。

■チュニスにて北アフリカの枢軸国軍を降伏させる

そののち、「トーチ作戦」でアメリカ軍をはじめとする連合国軍がアルジェリアとモロッコに上陸。東西から圧迫されたドイツ、イタリア軍はチュニジアへと追い込まれ、それに止めを刺す「ストライク作戦」が発動される。

このとき助攻を務めるモンゴメリーが他軍の機械化部隊一個師団の自軍編入について願い出るものの、アレクサンダーはこれを却下し、逆に機械化一個師団を取りあげて主攻の軍へ回している。これは公平で合理的な判断であった。また主攻の軍司令官が前線突破後の戦車部隊による残敵掃討を提案したときも、電撃的にチュニスを突き、敵を分断する作戦趣旨に反するとして却下した。

アレクサンダーが強いリーダーシップを発揮することにより、作戦は一ヶ月以内に終了し、激戦の続いた北アフリカはついに連合国軍のものとなったのである。

そののちのシチリア島攻略以降、地中海方面の連合国軍総司令官となったアレクサンダーは、イタリアに上陸する。攻めるに難い山岳の地形に防衛線を引いて、頑強な抵抗を続けるドイツ軍を前に足止めをくらうこともあったが、敵防衛線の背後のアンツィオに上陸作戦を敢行して防衛線を抜き、ローマ占領を果たした。このち北イタリアの平野部へと突破して、イタリア方面のドイツ軍を降伏せしめ、彼の長い戦いは終わりを告げた。一九四五年四月、ドイツ降伏の一ヶ月前であった。

陸軍
海軍
空軍

エル・アラメインでエルヴィン・ロンメルの快進撃を止めた将軍

クルード・オーキンレック

◆一八八四年〜一九八一年　◆最終階級／元帥

■軍人としての有能さと高潔な人格

クルード・オーキンレックは、北アフリカでもっとも勢いに乗っている時期にあったドイツ軍と相対した将軍である。確かな判断力と決然とした闘志で、エルヴィン・ロンメル率いるドイツ・アフリカ軍団と激戦を繰り広げた。

また、彼はインドにおいて、いち兵士から軍歴を積んだ叩きあげでもあった。それだけに一般の兵士達の心情をよく理解することができる将軍でもあった。軍人としての有能さと、高潔な人格は兵士からも尊敬されていた。

■強いリーダーシップでトブルクを解放

第二次世界大戦が勃発後、オーキンレックは一九四〇年にノルウェーでドイツ軍と戦って敗れたあと南方方面軍司令官となる。次にインドに駐留するイギリス軍総司令官となった。

そして一九四一年十一月、更迭されたアーチボルド・ウェーヴェルにかわり、中東軍総司令官となる。ここから敵の名将ロンメルと北アフリカを舞台にした戦いがはじまるのだった。

その当時、港湾施設を備えた要衝トブルクが、ドイツ、イタリアの両軍によって戦線後方で包囲されている状況だった。

もしトブルクが奪取されれば、より前線に近い補給地点を敵へ与えることになり、敵の行動をより自由に、より遠方へ進出させてしまう。補給物資を遠路はるばる陸路で運ぶよりも海上輸送のほうが効率はいいのだ。

トブルクを救出するため、オーキンレックは「クルセイダー作戦」を開始し、トブルクを目指して進撃する。

それをロンメルは巧みに迎撃し、戦闘で敗北したイギリス軍は動揺する。しかし、オーキンレックはリーダーシップを発揮し、部隊に活を入れて、立ち直らせることに成功している。

敵将ロンメルも戦力を消耗しており、殊《こと》に燃料の不足は甚《はなは》だしかったため、一時撤退を決意する。こうしてオーキンレックはトブルク救出に成功したのだった。

しかし、イギリス軍の追撃は補給戦が伸び切ったところで、ロンメルの反撃にあって貴重な戦車戦力を半減させてしまい、痛み分けでその年を越すこととなった。

翌一九四二年一月に、早くもロンメルの反撃がはじまる。オーキンレックはトブルクとその南方のラインで、攻勢準備が整うまで地雷原と監視哨や火点からなる「ボックス」と呼ばれる防衛拠点を連ね、防御線を引いていた。

しかし、大胆かつ巧妙にも、その南方からの迂回攻撃にあってしまう。予備として拘置していた部隊で対応を試みるものの、ロンメルの巧みな反撃で大損害を被る。これによりイギリス軍は退却を余儀なくされるのだった。

オーキンレックは第八軍の指揮官を更迭し、自身が部隊を直卒して遅滞戦闘を演じつつ、防御に適したエル・アラメインまで後退した。そしてエル・アラメインの地で、攻勢臨界点に達したロンメル率いるドイツ軍を撃退し、一矢を報いることに成功する。

しかし、トブルク失陥はオーキンレックにとって高くついた。オーキンレックがトブルクに置いていた純軍事的な価値に対して、英首相ウィンストン・チャーチルは政治的な面から、より重要な価値を置いていた。ここにオーキンレックの解任がもちあがる。

さらにチャーチルは攻勢に出ることを求めたが、現地で指揮を執り続けたオーキンレックの判断は、攻勢に打って出るには新着の増援部隊が砂漠に慣れるための時間が必要であるというものだった。

これをチャーチルは消極的と受け取り、オーキンレックの更迭は決定。オーキンレックは駐印英軍司令官として北アフリカを去ることになる。

「バトル・オブ・ブリテン」を勝利に導いた空軍の名将

ヒュー・ダウディング

◆一八八二年～一九七〇年　◆最終階級／大将

陸軍
海軍
空軍

■明確なビジョンと冷静な判断力をもつ

「かくも少数の人々によって、多数の人々が救われたことはない」と英首相ウィンストン・チャーチルに言わしめた、「バトル・オブ・ブリテン（イギリス空域での航空戦）」。この英独の熾烈な航空戦で、イギリスの空の守りを固めていた戦闘機隊の司令官がヒュー・ダウディングである。彼は不屈の闘志で、戦力的に不利な戦いへ挑み、勝利を収めたのである。

決して人当たりのいい人物ではなかったが、先見性のある明確なビジョンと判断力をもち、政治的野心とも無縁で、公平無私の性格から自身の名声など一切求めない人物であったという。また指揮官として、人の上に立つ者として望ましい、ノブレス・オブリージュの精神も身に付けていた人物であった。

アーサー・ウェルズリーやホレーショ・ネルソンに勝るとも劣らない、祖国に多大な貢献をなした彼であったが、昇進することもなく、バトル・オブ・ブリテンが

ZF R

一応の終息を見せたタイミングで更迭され、翌年退官した。以前にフランスへの戦闘機増援に反対したことが、チャーチルの気に障ったともいわれている。

■ドイツの本土進攻を食い止める

フランスが降伏すると、ドイツの矛先は講和を露ほども考えていないイギリスへと向かった。イギリスとフランスの間にはドーバー海峡が横たわっているため、すぐさまドイツ軍が押し寄せることはなかったが、かわりに航空戦力が大挙してやってきた。イギリス本土上陸作戦の下地づくりである。

北仏のダンケルクから、部隊を撤収できたとはいえ、陸上部隊は防衛体制を整えられておらず、ドイツ軍の精強さは北仏で十分に知らしめられていたのである。まさに本土失陥の可能性がちらつきはじめていた。

しかし、この未曾有《みぞう》の危機にイギリスの戦闘機隊は多大な出血を強いられながらも、最終的には勝利を収めたのである。ドイツ軍の本土進攻という意図をくじいた時点で、この勝利は戦略的勝利であった。

■戦前から整備を進めた防空網がイギリスを守る

この攻撃に戦闘及び爆撃機約三千機を投入したドイツ軍に対して、イギリス軍の戦闘機は約九百機であった。主力となる戦闘機の性能に大差はなかったが、戦力差はかなりある。このような差が生まれたのは、チャーチルの行為による。本土防衛のために必要不可欠であるというダウディングの反対にもかかわらず、敗色濃厚なフランスへ戦闘機隊を逐次《ちくじ》投入したために、戦力を消耗していたのだ。なお用兵上、兵力の逐次《ちくじ》投入は愚かしい行為とされている。

しかしなぜ勝利を収めることができたのか。それはダウディングの戦前の周到な準備によるところが大きい。戦前の一九三五年、すでに早期警戒を目的にしたレーダーの必要性と研究に理解を示し、その運用実験を開始。年内には沿岸部にレーダー網を設置しはじめたのである。これが間に合ったからこそ、数で劣るもイギリスの戦闘機隊は効果的にドイツ軍機を迎撃することができたのである。

爆撃機が見えてから迎撃に飛び立ったのでは遅いのである。また常に沿岸上空のパトロールに割く機体の余裕もない。レーダーが百キロメートル以上先の敵機を捉えて戦闘機隊を誘導し、有利な上空で待ち受けられるという合理的かつ能率的な環境をつくったのは、ダウンディングの慧眼《すいがん》であった。

加えて、バトル・オブ・ブリテンの主役となった「スピットファイア」や「ハリケーン」などの優秀な戦闘機の開発を推進したのもダウディングであった。危機の時代にあって、このような人材をもちえたのは、イギリスにとってまことに幸運なことであった。

バートラム・ラムゼイ

「ダンケルクの奇跡」を演出、多くの将兵の命を救った名提督

◆一八八三年～一九四五年　◆最終階級／大将

■ドーバー海峡を知悉《ちしつ》していることから現役に復帰

ダンケルク撤退、北アフリカ上陸、シチリア島上陸、ノルマンディー上陸と戦況に大きな影響を与えた局面で、艦隊指揮を執っていた提督がバートラム・ラムゼイである。優れた判断力と明晰な頭脳のもち主で、英首相ウィンストン・チャーチルからも高い評価を得ていた提督であった。

第二次世界大戦勃発時には、すでに退役していたラムゼイだったが、ドーバー海峡を知悉《ちしつ》していることから現役復帰を要請される。第一次世界大戦で、彼はドーバー海峡の駆逐艦隊司令官を務めていたためだ。戦争終結も間近な一九四五年一月に飛行機事故により死亡している。

■「ダンケルクの奇跡」を演出

ポーランド戦以降、ドイツとフランスの国境はにらみ合いが続く「ファニー・ウ

ォー（いんちき戦争）」と呼ばれる小康状態にあった。しかし一九四〇年、ドイツ軍がフランスに侵攻すると、フランスはあっけなく惨敗してしまう。そしてイギリスが大陸に派遣していた陸軍部隊は北フランスに逼塞《ひっそく》していた。

貴重な陸軍部隊をダンケルクの地にて救出すべく、イギリスは「ダイナモ作戦」と呼ばれる撤退作戦を展開することを決定し、ラムゼイはこの重要な作戦の指揮を執ることになったのである。

この作戦において、ありとあらゆるさまざまな舟艇が徴用された。また、兵員を艦艇へ収容するのに必要な港湾施設が十分でないため、軍用トラックを砂浜に乗り入れさせて、即席の桟橋として利用している。さらに駆逐艦も輸送に従事させた。

駆逐艦に関しては、上司から本土防衛に必要な駆逐艦をそのような危険な任務に使用するわけにはいかないと反対されたが、ラムゼイは強硬に自分の意見を申し立てて、ついに駆逐艦使用を認めさせる。

ありとあらゆる方策を使い、また既定の輸送航路が危険だとわかると、すぐさま別の危険度の低いルートを策定するなど臨機応変な処置がラムゼイによって施され、撤退作戦は大成功を収める。これが世にいう「ダンケルクの奇跡」である。

「ダンケルクの奇跡」自体は、ドイツ軍の地上部隊の一時停止（これはドイツ空軍トップであるヘルマン・ゲーリングが手柄欲しさにヒトラーにねじ込んだこともある）も大きな助けとなったが、ラムゼイの的確な情勢判断によるところも大きい。

僅か十日間程度で約三十万以上の兵員を本土へ運ぶことができたのも、彼の存在があってこそであろう。

■大上陸作戦の艦隊指揮を執る

その後の一九四二年、北アフリカのドイツ、イタリア軍の背後を突く上陸作戦「トーチ作戦」で艦隊指揮を執る。この作戦の結果、北アフリカは陥落し、連合国軍の支配するところとなった。

翌年の一九四三年、シチリア島上陸作戦の「ハスキー作戦」に参加して、艦隊指揮を執った。ここでも、つつがなく任務を成功させている。またこの年に大将に昇進し、連合国海軍最高司令官にも就任している。

さらに翌年、ついに史上最大の作戦と謳《うた》われるノルマンディー上陸の「オーバーロード作戦」に参加。連合国軍のヨーロッパ反攻の橋頭堡《きょうとうほ》をつくることに成功している。

この上陸作戦では例外的な大損害を受けたために映画にも取りあげられるオマハ・ビーチばかりが有名で、上陸部隊に注目が集まった。しかし、海軍の協力なしに円滑な上陸作戦は行えなかったのである。

この作戦がかつてない大規模な敵前強襲上陸だったことを考えれば、ラムゼイの指揮統率能力の高さが推し量れるというものだ。

イタリアを完全封殺、地中海の制海権を確立した提督

アンドリュー・カニンガム

◆一八八三年〜一九六三年　◆最終階級／元帥

■前線で華々しく活躍し、戦略アドバイザーとなる

アンドリュー・カニンガムは、第二次世界大戦を通じイギリス海軍でもっとも有名な提督で、戦争の初期に地中海艦隊を率いて非常に素晴らしい戦果を残している。一九四三年に前線を退き、海軍本部第一軍事委員（軍令部長に相当）に就任。一九四六年に引退するまで、その地位にあり、連合国の主要な首脳会談に随行し、ノルマンディー上陸作戦や太平洋への艦隊派遣などを協議している。

■地中海の制海権をイタリアと争う

一九三九年に第二次世界大戦が勃発。翌一九四〇年にイタリアが参戦すると、北アフリカでイギリスとイタリアは国境を接していたため、地中海はにわかにキナ臭さを増す。

北アフリカで戦闘がはじまるとお互い本国から補給活動を行わなければならず、

距離の面でイタリアは非常に有利であった。また、補給物資の輸送を円滑にするためには制海権が必要であり、この方面に全力を投じることができるイタリアの戦力も、カニンガムの艦隊を優越していた。

しかし結果的に、地中海艦隊司令官代理カニンガムの勇戦でイタリア艦隊の脅威は減殺され、地中海は「カニンガムの池」と呼ばれるほどになる。

最初のカラブリア沖海戦では小競り合い程度で、両艦隊ともに大きな戦果はあがらなかったが、イタリアの航空攻撃にさらされながらも、カニンガムの艦隊には沈没艦が出ず、イギリス側の士気は高まることとなる。

■時代遅れの雷撃機で戦艦三隻を沈める

地中海で制海権を得るためには主導権を握らねばならない。その年の十一月に、カニンガムは次の手を打つ。空母艦載機によるイタリアの軍港タラントへの攻撃である。古代ローマ時代からの伝統をもつこの軍港に、先の海戦以来、イタリア艦隊は退嬰《たいえい》的だったのだ。

このときイタリア艦隊を攻撃したのは、空飛ぶ骨董品と揶揄《やゆ》された複葉の雷撃機二十一機であったが、結果は戦艦三隻を大破着底させるという大戦果をあげる。しかも自軍の損害はわずか二機だけというおまけつきであった。その後、イタリア艦隊はより安全な後方へと下がり、積極的な行動を避けるようになっている。

なお、この攻撃の成功は各国の航空主兵論者を勇気づけるものとなった。日本の真珠湾攻撃においても、この事例を研究したとされる。

■イタリア海軍を封殺したマタパン岬沖海戦

翌年の一九四一年、ドイツはバルカン半島へ侵入し、さらにギリシアへも軍を進める。ギリシアを援助し、自軍を進駐させるためにイギリスは輸送船団を送り込む。そして、ドイツの要請にようやく重い腰をあげたイタリア艦隊が、その輸送船団を狙って出撃する。これを迎撃すべくカニンガムも艦隊を率いて出撃した。こうしてマタパン岬沖海戦が生起したのだった。

当初、互いを認め合った両艦隊の先鋒は砲撃戦を展開するが、互いに命中弾を得られず、小競り合いに終わる。次に行われたわずか六機の旧式艦載機による航空攻撃により、損害は与えられなかったもののイタリア艦隊は早くも撤退を決定する。

その後も五月雨式に少数機による攻撃が行われ、カニンガム艦隊も果敢に追撃をかける。そして二日間に渡る戦闘は終結したが、追撃戦の結果、イタリアは重巡三隻、駆逐艦二隻を撃沈され、戦艦一隻も大破させられる。

この戦いの結果、イタリア海軍の勢いは衰え、イギリス艦隊にとっての脅威は、もっぱら敵地上機のみとなったのである。そして地中海の制海権を手中にしたイギリスは、北アフリカへの補給戦で優位に立てたのだ。

見事な統合戦略でイギリス軍を縁の下から支えた参謀総長

アラン・ブルック

◆一八八三年～一九六三年　◆最終階級／元帥

■イギリス軍を再建した陰の立役者

北仏で大陸派遣軍を全滅の危機から救い、北仏からの撤退により装備のほとんどを失った軍を再建し、本土防衛の態勢を整えた将軍がアラン・ブルックだ。この隠れた功労者は、一九四一年に陸軍参謀総長に就任し、翌年には陸海空の三軍を統括する最高幕僚会議議長となる。

彼はこの未曾有《みぞう》の大戦争における作戦全般を統合しただけでなく、アメリカを自国の戦略に寄らしめるべく尽力した。

■緒戦の危機に卓越した手腕を見せる

ドイツが西方電撃戦を開始したとき、ブルックは大陸派遣軍の第二軍司令官として北仏にあった。国境を突破してきたドイツ軍により包囲され、イギリス陸軍の中核である最精鋭の軍隊が全滅の危機に瀕していたのだ。

この中にはハロルド・アレクサンダーやバーナード・モンゴメリーといった、のちのち活躍する将軍達もいた。

ブルックは指揮下の四個師団で巧みに側面を防御し、友軍の撤退を援護した。ブルックの適切な作戦指揮があって、大陸派遣軍は唯一残された脱出口、ダンケルクへと辿り着けたのだ。

その後、参謀総長になった彼だが、戦争終結までに再び野戦軍の指揮を執る機会は何度かあった。しかし、自分がなすべきは、政府の傍らで戦争遂行のための適切な助言をすることだと断っている。自身の個人的名誉に斟酌しなかったのだ。

事実、彼の冷静で的確な判断による統合戦略で、イギリスは戦争に勝ち残ったといえよう。

陸軍
海軍
空軍

イギリスにおける無差別絨毯《じゅうたん》爆撃の提唱者

アーサー・ハリス

◆一八九二年〜一九八四年　◆最終階級／元帥

■ドイツ諸都市を戦略爆撃した「爆撃機」

アーサー・ハリスはドイツの諸都市に無差別の絨毯《じゅうたん》爆撃を行った、爆撃隊司令部総司令官。自邸に客を招待して、爆撃により破壊された都市の写真を見せることで自身の提唱する爆撃の効果を証明しようとした。ドイツを戦略爆撃で壊滅させることに執念を燃やした彼は、「爆撃機」の通り名でも知られていた将軍である。

戦略爆撃は後方の敵地に攻撃を加え、敵国の継戦能力にダメージを与える手法である。通常、飛行場など軍の施設や兵器を生産する工場、通信施設や鉄道などのインフラを目標としていた。しかし敵の継戦能力を削ぐためには、工場などより人口が密集し、生活の基盤となる都市そのものを破壊するほうがより効果的であるという考えを、彼は支持していた。

そして彼は工場などの点の目標でなく、都市という面の目標で行うべきと提唱した。いわゆる「地域爆撃」と呼ばれるものだ。

極めて端的にいうと、ハリスの地域爆撃では面が目標のため、敵の迎撃が困難な夜間に多数の爆撃機で大量の爆弾を目標地帯にばら撒けばよかった(イギリスの爆撃機の爆弾搭載量は群を抜いていた)。

人口密集地である都市を爆撃することは、住居を失った人々の戦意喪失を招く。隣人や肉親の死よりも家を失うことのほうが、士気を下げることを彼は、ロンドン爆撃から学んでいたのだ。すなわち敵国の人的資源に直接的に損害を与えるものでもあった。

この故意的な民間人大量虐殺で彼には、道義的非難が戦後までつきまとった。しかし、ドイツとの総力戦に勝つには、地域爆撃は必要な要素だと彼とイギリス政府は考えていたのである。

「ビルマのマウントバッテン」と呼ばれたイギリス王族

ルイス・マウントバッテン

◆一九〇〇年〜一九七九年　◆最終階級／元帥

陸軍
海軍
空軍

■イギリス王室出身の軍人、最後のインド総督

母方の曾祖母はヴィクトリア女王という、イギリス王室の血を引く海軍軍人だが軍事的才能に関しては疑問符がつくルイス・マウントバッテン。しかし、ウィンストン・チャーチル英首相に気に入られており、彼の強い推薦でイギリスの最高幕僚会議のメンバーに名を連ね、同盟国との折衝にもあたった。特に戦略面で意見の異なるアメリカを、自国の戦略に沿わせるうえで大いに外交手腕を発揮し、活躍した。

戦後は要職を歴任しており、最後のインド総督としてインド、パキスタンの分離独立に立ち会ったことでも有名な人物である。

戦争の初期には、駆逐艦隊司令官としてノルウェーからの撤退を指揮し、一九四一年のクレタ島の戦いでは乗艦を沈められてさえいる。その後、まだ大佐であったが協働作戦本部長として、最高幕僚会議に出席。また、陸海空の三軍協同の敵海岸への奇襲攻撃、上陸作戦の技術向上に、精力的に取り組んだ。

そして、連合軍による北仏のディエップ上陸作戦を提案し、半ば強引に実行する。

この作戦は強行偵察であり、将来の上陸作戦に備えてのデータ収集が目的とされていたが、主力のカナダの一個師団はほぼ壊滅。支援の空軍も、敵の倍以上の一〇六機を喪失するという悲惨な結果に終わったのだった。

一九四三年、マウントバッテンは東南アジア連合軍司令官となる。駆逐艦以上の戦力を指揮したことがないと危惧する声もあったが、よく部下を用いて、その大任を果たす。ビルマを日本からイギリスに取り戻し、「ビルマのマウントバッテン」と呼ばれた。

一九七九年、アイルランドで爆弾テロにより死亡する。

アーチボルド・ウェーヴェル

◆一八八三年～一九五〇年　◆最終階級／元帥

陸軍　海軍　空軍

■北アフリカでエルヴィン・ロンメルと激闘を繰り広げた将軍

一九三九年、エジプトにいた英中東軍総司令官のアーチボルド・ウェーヴェルが所持していた戦力は三万六千名ほどであった。対するイタリア軍は約二十万の兵員をリビアに展開しており、大軍で越境し百キロメートルもイギリス領内に侵入。それに対しウェーヴェルは無理な戦いをせず戦力を充実させてから反撃した。国境までイタリア軍を押し戻し、逆に八百キロメートルもリビアへ進入することに成功。

しかし、翌一九四〇年にイタリアの同盟国ドイツからの増援があり一九四一年にはエルヴィン・ロンメルとドイツ軍が到着し、戦況は逆転してしまう。

これに「バトルアクス作戦」で反撃を企画するも、ハルファヤ峠で手痛い損害を受けて失敗。反撃により地中海に面した重要な補給港トブルクの失陥だけは免れた。しかし、彼はウィンストン・チャーチルにより罷免されている。

英中東軍、次に東南アジア連合軍の総司令官として要職についたが、ウェーヴェルの物静かで寡黙な人柄は英首相チャーチルにとって敢闘精神の欠如と映り、東南アジア連合軍総司令官から外され、インド総督となって終戦を迎えている。

ジェームズ・サマヴィル

◆一八八二年～一九四九年　◆最終階級／元帥

陸軍
海軍
空軍

■ドイツに降伏した仏艦艇の無力化を命じられた提督

ビスマルク追撃戦、北アフリカへの補給船団護送など、新編の艦隊「H部隊」を率いて地中海制海権確保に貢献した提督がジェームズ・サマヴィルである。

フランスがドイツに降伏したことにより、仏海軍艦艇がドイツ軍に接収、もしくは協力させられることを避けるために、ウィンストン・チャーチルからフランス艦艇の無力化を命じられる。交渉の失敗により実力行使に踏み切り、戦艦一隻を沈没させている。その後、ドイツの戦艦ビスマルクの追撃戦に加わり、空襲によりビスマルクの足を止めることで、ビスマルク撃沈の一因をつくった。

また、イタリアのシチリア島とイタリア領リビアの間にあり、イタリア軍の北アフリカへの補給を阻害し続けたマルタ島や、激しい戦闘が行われているエジプトへの補給作戦に従事している。

日本との戦いがはじまると、地中海のH部隊を離れ、インド洋へと赴任するが、優勢な日本海軍との決戦を避け戦力を温存した。

その後、前線を離れて米海軍との折衝の任に就いて、終戦を迎えた。

COLUMN

指揮官と参謀

まったく違う役割と責任範囲

指揮官は部隊へ命令をする立場で、責任者である。ひとつの部隊の行動に対して、命令を下す指揮官はひとりで、命令系統は一本化しており、これが整然と秩序だった行動を可能にしていた。

参謀は指揮官が部隊の運営や命令を下す際に、サポートをする役目である。内容については部隊の管理運営や人事、情報の収集と分析、作戦の立案、補給活動と多岐にわたるが、部隊に命令するのは、参謀の役目ではない。

指揮官と参謀は役目が違うものの、部隊を引っ張る車の両輪であり、任務の遂行にはかかせないものである。

■軍指揮官と参謀の関係図

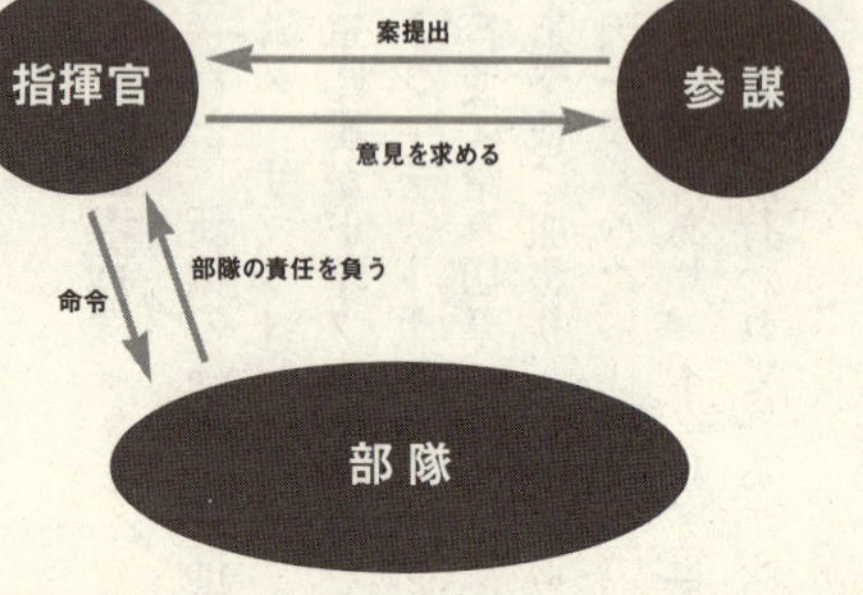

※あくまで一般的な定義であり、例外もある

PART 5

アメリカの将軍

質量に優れ、覇権国となりえた軍事力

アメリカの軍隊

★秘密はマニュアル化された教育と高い生産力にあり

アメリカの国軍の伝統は独立戦争以来である。そのときには、のちのドイツの中核となるプロイセンから、軍事顧問を招聘《しょうへい》している。軍の創立に際して教えを請うたドイツに比べて歴史は浅いが、第二次世界大戦ではドイツを上回る軍事力を発揮した。ただし、平時には徴兵制をしいておらず、陸軍の常備戦力は決して大きくはなかった。ここで注目すべきは、ついこの間まで民間人だった人間を大量に、しかも短期間の内に戦力として仕立てあげたことだろう。

このアメリカ陸軍の特徴は詳細なマニュアルによる教育にある。マニュアルそのものはプロイセンから学んだものだが、アメリカ軍の場合、改定を盛んにし、より細部に渡る膨大なマニュ

アルを作成している。このマニュアルにより、時代とともに変化していく状況に素早く対応することが可能となり、質の高い軍隊を大量に生み出すことができた。もっとも、それを裏付ける膨大な工業生産力があってこそできたことでもある。

さらに付け加えるべきは部隊の完全な機械化である。これまた高い生産能力を生かした賜物である。兵士が徒歩で移動する必要はなく、部隊の迅速な前進を可能としていた。

海軍は十分な戦力を有していたうえに、イギリスを支援する必要性から造船体制が整っていた。また戦闘の結果に大きく影響を与えるレーダーなどの技術力も大きく進んでいた。

空軍に関しては、陸軍と海軍がそれぞれに航空隊をもっていたが、良質な搭乗員と機体を量産しうる航空戦力は、時が進むにつれて、敵対国にとっては大きな脅威となった。

このように高い技術力と大きな生産力をもっていただけでなく、以前から各種の戦争計画を練っていたため、戦略的な準備においてもアドバンテージをもっていたのであった。

機甲部隊を率い、ドイツ顔負けの電撃戦を展開した猛将

ジョージ・パットン

◆一八八五年〜一九四五年　◆最終階級／大将

陸軍　海軍　空軍

■教養と豪胆さを兼ね備えた元オリンピック選手

祖父、父とも軍人という家に生まれたジョージ・パットンは、当然であるかのように幼いころから軍人になることを志していた。

この当時、名家の出身者は学校教育での集団教育を画一的なものとして嫌う傾向にあり、パットンもまた学校ではなく優秀な家庭教師や小規模な私塾などに通い、勉強や礼儀作法を学んだ。こうして幼少期を過ごしたパットンは、深い教養と紳士的な態度、上流階級の証であるフランス語などをマスターしたが、同時に前時代的な貴族軍人に近い要素も内包することになった。

一九〇三年、パットンはヴァージニア兵科学校に入学した。この学校は、学力よりも教養を重視する点が特徴だったが、職業軍人を目指す彼としてはウェストポイントの陸軍士官学校に入学したかった。そこで彼は、父のコネで推薦をもらい、一九〇四年に改めて陸軍士官学校に入学したのである。在学中のパットンは運動全般

で実力を発揮し、特にアメリカンフットボールの名門チームである「アーミー・ブラックナイツ」の花形選手として活躍したほか、上級射撃手の資格を取得している。一九〇九年、パットンは騎兵少尉に任官。一九一二年には中尉に昇進しており、近代五種競技のアメリカ代表として、ストックホルム・オリンピックに出場した。一九一六年、パットンは騎兵連隊に配属されてメキシコ国境戦に参加し、ジョン・パーシング将軍の副官を務めることになった。このときパットンは、メキシコ革命を企てた大山賊パンチョ・ビラの片腕である、ジュリオ・キャルデス一味をガンファイトで倒し、パーシング将軍から高く評価された。

第一次世界大戦がはじまると、アメリカも一九一七年から参戦することになりパットンは、欧州派遣軍最高司令官となったパーシングの副官として欧州へ渡る。実戦部隊への配属を希望していた彼は、パーシングに頼み込んで新設の戦車部隊へ転属するが、一九一八年九月に榴散弾によって負傷し前線から離れている。

■綱紀を粛正し、部隊を立て直す

一九三九年、第二次世界大戦が勃発。ドイツの装甲部隊による電撃戦によって、アメリカ軍でも機甲師団が編制されることになった。この影響で、パットンは一九四〇年に准将へ昇進し、第二機甲旅団長に就任。翌年に少将へ昇進して、第二機甲師団長に任命された。

一九四二年、パットンは北アフリカへの上陸作戦である「トーチ作戦」に参加し、西方部隊の指揮官としてモロッコに上陸した。

パットンは、ドイツ軍に敗れて士気を喪失した第二軍団の軍団長に就任すると、早速戦力と兵士の士気回復に着手。服装の乱れに対して罰金を科すという方法で綱紀粛正に乗り出したほか、厳しい訓練を行って徹底的に鍛えなおしたのである。

この当時、アドルフ・ヒトラーを頂点として厳しい規律で統制されたドイツ軍とは違い、軍の規律もやや緩かったようで、将兵達の統制も執れていたとはいえなかったようだ。そういった意味では、パットンは根本的な部分から将兵達の意識を変える必要があったのだろう。パットンのこうした行動に対しては不満をもつ者もおり、決して万人に好かれた指揮官ではなかったようだが、軍人らしい彼の態度に対して敬意は払われていたという。

一九四三年、こうして部隊を立て直したパットンは、イギリス軍とともに反攻作戦を開始し、五月には北アフリカの枢軸国軍を降伏させることに成功した。

■欧州での活躍とあっけない最期

北アフリカでの戦いが終結する直前の四月、パットンはイタリアのシチリア島侵攻に向けて第七軍の司令官に就任したが、八月に戦闘神経症で入院していたふたりの二等兵を殴打するという事件を起こす。当時、戦争で見られる戦闘神経症は、存在こそ認められつつあったもののまだ研究段階にあり、それゆえ外傷がなく入院している兵士を見て、仮病を使っているかのように受け取る者も少なくなかった。

　このとき、パットンは自身の行動に対して何も気にしていなかったようだが、それに反して周囲の反応は想像以上であった。騒ぎがマスコミに取りあげられるようになると、上司のドワイト・アイゼンハワーも放置するわけにはいかなくなり、パットンに周囲への謝罪を指示すると、司令官職からの更迭を決定した。

　一九四四年六月、パットンはノルマンディー上陸作戦の実行に際し、連合軍の上陸地点がノルマンディーではなくカレーであると見せかけるための「クイックシルバー作戦」に協力。この作戦は、半ば謹慎しているような状態だったパットンには、うってつけのものだった。

　ノルマンディー上陸作戦が実行されると、パットンは第三軍司令官に任命された。ここでパットンは、ドイツ軍顔負けの電撃戦を展開。たった六日間でブルターニュ半島を席巻すると、そののちセーヌ川まで一気に進撃してみせた。これらの軍事行動は、わずか一ヶ月の間に行われたが、これまでの鬱憤《うっぷん》を晴らすかのような快進撃には、マスコミも賞賛を送ったのである。

　一九四四年十二月、ドイツ軍がアルデンヌで攻勢に出て、バストーニュの街が包囲された。パットンはこれを救出するため、ザール地方へ向けて布陣していた第三軍を北に向けて展開させ、機甲師団を先頭に一気に突撃を開始。バストーニュ守備隊が予想以上の奮戦をしたこともあって、大きな損害を出しながらもついにドイツ軍を撃退することに成功した。こののち、パットンは再び部隊を東に向けて進撃を開始する。このころ、彼がライバルと目していたイギリス軍司令官バーナード・モンゴメリーは、ライン川を前に大規模な渡河作戦を準備していたが、その二日前にパットン指揮下の第五歩兵師団がすでにライン川を渡っており、モンゴメリーを出し抜いたパットンは鼻高々だったという。

終戦間近となった一九四五年五月、パットンはチェコスロバキアへ侵攻する。彼は、プラハの開放を目的としていたようだったが、アイゼンハワーとソ連軍の政治的な調整のためにピルゼンで停止するよう命じられ、そのまま終戦を迎えた。

ドイツが降伏したあと、ナチス以上にソ連を嫌悪していたパットンは、ソ連に挑発ともとられかねない発言を連発。しまいには「旧ドイツにおけるナチス党員は、アメリカの共和党や民主党の党員と同じようなもの」などと発言し、アイゼンハワーによって第一戦線から外された。

この年の十二月九日、ドイツにとどまっていたパットンは、部下の運転する車で副官とともに、シュペアーへ狩猟に出かけたが、その途中で車がトラックと衝突し、瀕死の重傷を負う。パットンは、その後しばらく生死の境をさまよったが、十二日後の十二月二十一日に息を引き取った。

潜水艦を効果的に活用し、多くの戦果をあげた親日家

チェスター・ニミッツ

◆一八八五年〜一九六六年　◆最終階級／元帥

陸軍　海軍　空軍

■海軍大学にて、仮想敵国を日本とした講義を受ける

チェスター・ニミッツは、一八八五年にアメリカのテキサス州で生まれた。家族は小さなホテルを経営しており、ニミッツはその手伝いをしながら育った。

一九〇〇年、ニミッツは演習のために街を訪れた砲兵隊の士官候補生を見て士官学校への入学を志すが、入学に必要な推薦を依頼した連邦議員の推薦枠が使い切られていたため、かわりにアナポリス海軍兵学校への推薦をもらって翌年に入学した。

一九〇五年、百十四名中七番の成績で卒業したニミッツは、少尉候補生として戦艦「オハイオ」に配属となり、東アジアへ航海に出る。横浜に寄港した際には、日露戦争における日本海海戦の祝勝会に招待され、東郷平八郎と話をする機会を得て深い感銘を受けた。こののち、数隻の艦船を経て帰国したニミッツは大尉に昇進し、一九一一年に第三潜水艦戦隊司令官兼潜水艦の艦長となった。

一九一三年、ニミッツは潜水艦に有用であるディーゼルエンジンの研究のために

ドイツへ派遣され、帰国後はニューヨークの海軍工廠《こうしょう》でディーゼルエンジンの製作にあたった。のちに少佐に昇進したニミッツは、大西洋艦隊潜水艦部隊司令官のサミュエル・ロビンソン大佐の参謀となり、イギリスやフランスの潜水艦造船所や潜水艦視察のために欧州へ派遣された。帰国後ニミッツは中佐に昇進し、海軍作戦部の潜水艦設計委員を経て、戦艦「サウスカロライナ」の副長となる。

一九二〇年に真珠湾の潜水艦基地建設主任。二年後に海軍大学へ入学し、演習や研究課題に取り組んだ。この間、ニミッツは仮想敵国を日本とした数々の講義を受け、ここでの教程は対日戦争において、大いに役に立つことになった。

こののち、ニミッツは潜水艦や巡洋艦、戦艦の戦隊指令官を経て、海軍省の航海局（のちの人事局）長へ就任した。

■太平洋戦争での活躍と東郷関係施設への助力

一九四一年十二月八日に真珠湾攻撃が起きると、ニミッツは大将に昇進して太平洋艦隊司令官へ就任。奇襲を受けて意気消沈する将兵の士気回復のため、交代人事を最小限に抑えることで人心の掌握に成功した。航空戦力の重要性を認識した彼は、空母と航空機の増強に努めはじめた。

この当時の海軍におけるトップは、合衆国艦隊司令長官兼海軍作戦部長であるアーネスト・キング大将だったが、厳しく容赦のない人物だったため、ニミッツは鬼のような上官とクセのある部下たちとの間にたち、緩衝役に徹していた。

とはいえ、日本軍の暗号を解読して情報収集に努めていたニミッツは、珊瑚海海戦では日本軍のパプア・ニューギニア占領を阻止し、続くミッドウェー海戦でも、空母三隻と航空機を可能な限り用意して、日本の機動部隊を相手に空母四隻を撃滅する大戦果をあげている。また、アメリカ軍はこの戦いで航空戦力の優位性を確信し、空母の集中運用や護衛空母の建造などを積極的に行うようになったのである。

ミッドウェー海戦後、ニミッツは南西太平洋艦隊司令官ダグラス・マッカーサーと対立。ガダルカナル島を巡る戦いでは主導権を握り、無制限潜水艦作戦を展開して徹底した兵糧攻めを行った。その後も、マッカーサーと相互に援助を断り合うような状況下ながら、マリアナ沖海戦では日本軍第一機動艦隊に対し、空母三隻と七十五パーセントに及ぶ航空機を撃墜するという壊滅的打撃を与え、サイパンやグアムなどマリアナ諸島を攻略した。これによって、日本本土の大半がB29爆撃機の航続距離内に入り、空襲をはじめることになる。また、一九四五年二月には硫黄島を攻略し、日本軍はB29爆撃機の迎撃が極めて困難となったのであった。

終戦後、海軍を退役したニミッツは、日本との友好関係の修復や東郷平八郎に関わる施設の保全などを行った。特に、日露戦争で旗艦となった戦艦「三笠」の復元運動には熱心で、自身が執筆した回戦録の印税も寄付していたという。一九六五年、脳卒中で倒れたのちに肺炎を併発し、自宅へ戻って翌年二月に死去した。

チェスター・ニミッツに見出され、その能力を開花させた名将

レイモンド・スプルーアンス

◆一八八六年〜一九六九年 ◆最終階級／大将

■とらえどころのない人柄と意外な評価

華奢《きゃしゃ》な体と内気な性格をしていたレイモンド・スプルーアンスは、精力的に仕事に取り組むタイプではなく、長年彼のもとで働いていたカール・ムーア大佐も、「怠惰といってもいいような面がある」と評していた。

しかし、周囲の人物を酷評していたアーネスト・キングをして、「アメリカ海軍提督の中で、おそらくもっとも頭がよい人物」といわしめており、スプルーアンスの上司であったチェスター・ニミッツも彼の能力を評価していることから、見るべき人が見なければわからないほど、地味に能力を発揮していた人物と思われる。

スプルーアンスは、アメリカのメリーランド州ボルチモアで生まれた。家庭の事情から祖父のもとで育てられたが、祖父も父親も破産して収入を母の仕事に頼るしかなくなっていた。大学への学費を家に頼れなくなったスプルーアンスは、学費の必要がない軍人養成学校へ進むことを選び、母の働きかけで連邦議員の推薦を得る

と、一九〇三年にアナポリスの海軍兵学校へ入学した。

一九〇六年九月、初級指揮官不足のために半年早く卒業したスプルーアンスは、戦艦での勤務の合間に電気関連の会社で研修を受け、電気担当海軍監督官や戦艦「ペンシルバニア」の電気担当士官などを務めた。

一九二〇年になると、新造の駆逐艦「アーロン・ワード」の艦長となるが、このとき駆逐艦戦隊司令官であったウィリアム・ハルゼーと出会い、二年間仕えることになる。スプルーアンスとハルゼーは、性格がまったく異なっていたものの気が合い、互いを認め合うとともに長く付き合うようになった。

こののち、一九二六年からは海軍大学にも入学。卒業した翌年からは情報部で勤務し、一九二九年には戦艦「ミシシッピ」の副官に就任した。

こうしてさまざまな役職を歴任したスプルーアンスは、一九三一年に海軍大学の通信教育部門の責任者となり、大佐へと昇進。一九三八年には戦艦「ミシシッピ」の艦長になり、一九四一年には真珠湾に着任して第五巡洋艦戦隊司令官となった。

このころのスプルーアンスに対する部下たちの噂は、「魚のような冷たい感じのする人物」というものだった。感情を表に出さず、冷静で突き放したようなところがあり、部下に関心を示さないばかりか毎朝書類に目を通して指示を出したあとは、自室にこもってひとりで過ごす。スプルーアンスの幕僚達は、彼が何を考えているのかまったくわからなかったという。

■チェスター・ニミッツに見出された高い指揮能力

一九四一年の真珠湾攻撃の際、スプルーアンスの艦隊はウィリアム・ハルゼーの空母を主軸とした機動艦隊とともに演習に出ており、日本軍の攻撃を受けずに済んだ。一九四二年一月、空母「エンタープライズ」を主力とする機動部隊に随行してサモアへ出発。二月のウェーク島攻撃や、ドーリットルの東京空襲作戦にも加わった。ミッドウェー海戦では、入院したハルゼーにかわって空母「エンタープライズ」と「ホーネット」が所属する部隊「タスク16」を率いることになった。

ところが、全体の指揮を執っていたフランク・フレッチャー乗艦の「ヨークタウン」が損傷を受けたため、スプルーアンスは指揮権を委託され、彼はここで日本軍の空母四隻を撃破するという活躍を見せた。これを見た上官のニミッツは、ひとつの艦隊に第三艦隊と第五艦隊というふたつの名称をつけ、第三艦隊はハルゼー、第五艦隊はスプルーアンスと、交替で指揮させたのである。

こののち、スプルーアンスは太平洋艦隊の参謀長を経て、一九四三年に中部太平洋部隊司令官となり、彼の指揮によってギルバート、マーシャル、マリアナの攻略作戦を実施。その後、硫黄島や沖縄の上陸作戦も指揮した。

学者肌だったスプルーアンスは、戦後の一九四六年に海軍大学の校長に就任するが、一九六九年春、ひとり息子を交通事故で失うと、あとを追うように亡くなった。

ドワイト・アイゼンハワー

「百万ドルの微笑」で連合軍をまとめあげた立役者

◆一八九〇年～一九六九年 ◆最終階級／元帥

■ジョージ・マーシャルに高い管理、統率能力を見出される

史上最大の作戦として名高い、ノルマンディーへの上陸作戦「オーバーロード作戦」の実行を命じた司令官として知られるドワイト・アイゼンハワーは、イギリス軍のバーナード・モンゴメリーやフランスのシャルル・ド・ゴールといった、アクの強い高級指揮官たちの意見をよくまとめた政治家的な手腕も高く評価されており、のちに大統領にまで登りつめた人物である。

テキサス州で生まれたアイゼンハワーは、一九〇九年に高校を卒業してから二年間バター製造所で働き、一九一一年六月にウェストポイントの陸軍士官学校に入学。一九一五年に卒業すると、テキサス州とジョージア州でさまざまなキャンプをまわり、一九一八年まで歩兵と軍務に就いた。また、この間に大尉へ昇進している。そののち、メリーランド州などで戦車隊とともに軍務へ就き、一九二〇年に少佐へ昇進。一九二二年から二年間をパナマ運河地帯でフォックス・コナーの副官を務めた。

このののち、参謀学校での勤務や大隊指揮官、ワシントンD.C.の陸軍戦争大学で勤務したのち、ジョージ・モゼリー将軍の副官を経て、陸軍参謀総長ダグラス・マッカーサーつきの主席補佐武官を務め、彼がフィリピンの軍事顧問になるとこれに同行し、一九三六年に中佐へ昇進した。

一九三九年に第二次世界大戦が勃発すると、アイゼンハワーは本国に帰国し、一九四一年六月に第三軍の司令官であるウォルター・クルーガーの参謀長に就任し、九月には准将に昇進した。アイゼンハワーの管理能力は評価されていたが、実戦での指揮経験のない彼が大規模な作戦指揮を執る可能性は、考えられていなかった。

十二月に起きた日本軍による真珠湾攻撃のあと、アイゼンハワーは一九四二年六月まで参謀としてワシントンで勤務し、戦争計画部門のレナード・ゲロー将軍のもとで太平洋防衛主任代理に指名されたのち、ゲローの後任となった。その後、参謀総長のジョージ・マーシャルのもとで主席助手補佐官に就任したが、ここでマーシャルに高い管理、統率能力を見出されたのである。

■欧州の連合軍最高司令官からアメリカ大統領へ

一九四二年六月、アイゼンハワーはロンドンに司令部を置く、ヨーロッパ戦域司令官に就任し、北アフリカのモロッコとアルジェリアへの上陸作戦である「トーチ作戦」を立案・実行。十一月からは、北アフリカに展開する連合軍三軍の最高司令官となり、翌年十二月には「オーバーロード作戦」の計画と実行の責任者である、連合軍最高司令官に任命されたのである。

こうしてアイゼンハワーは、一九四四年六月六日の作戦決行日において連合軍全軍を指揮し、十二月にはついに元帥へと昇進したが、彼はいくつもの武勲を立てた前線指揮官でもなければ、特に戦略に優れた知将というわけでもなかった。リーダーシップや外交の面で才能を発揮し、自国のジョージ・パットンやオマー・ブラッドレーといった前線指揮官からの尊敬を勝ち取った。

各国のプライドが高くクセの強い高級将官が集まる場では、自身がアメリカ人であることを意識しつつも「連合国人」として振る舞い、みなの意見をよく取りまとめていたのである。また、イギリスの王族やウィンストン・チャーチル首相の信任も厚く、多国籍で構成された欧州派遣連合軍を、円滑に機能させることへ尽力した。

戦後、アイゼンハワーは一九四八年にコロンビア大学の学長になり、一九五〇年十二月には北大西洋条約機構（ＮＡＴＯ）軍の最高司令官に就任したが、一九五二年に政界へ入ることを決意したため軍を退役した。

軍を引退したアイゼンハワーは、共和党の候補として大統領選へ出馬し、一九五三年から一九六一年までアメリカ合衆国の第三十四代大統領に就任。多くの実業家を閣僚に任命して国内問題を任せ、自身は外交問題に専念するスタイルで、国民に支持された。

オマー・ブラッドレー

着実に戦果のあがる作戦に注力した将軍

◆一八九三年〜一九八一年
◆最終階級／元帥

陸軍
海軍
空軍

■国内の学校で知識を蓄える

ミズーリ州の家庭教師の息子として生まれたオマー・ブラッドレーは、地元の学校で教育を受けたあと、ミズーリ大学へ進む予定だった。しかし、家が貧しかったということもあり、知人からの助言で学費が必要ないウェストポイントの陸軍士官学校への進学を決意し、地区の入学試験ではトップの成績で入学した。

一九一五年、士官学校を卒業したブラッドレーは、大盗賊パンチョ・ビラの討伐を目的としたメキシコ国境戦へ参加する。この間、一九一四年から第一次世界大戦がはじまっており、開戦して間もなくブラッドレーは大尉に昇進している。メキシコでの戦いが終わるとモンタナ州に配属され、その後一九一八年にヨーロッパへ向かう第一九歩兵師団に配属されたが、インフルエンザが大流行したためヨーロッパへは派遣されなかった。

第一次世界大戦が終了すると、ブラッドレーは一九二〇年から二年間、母校の士

U.S.

官学校で数学の教官を務め、少佐に昇進した一九二四年からは、ジョージア州のフォートベニングで上級歩兵コースを学んだ。このあとも、フォートレヴェンワースの参謀学校や陸軍大学で、着実に知識を蓄えていったブラッドレーは、一九三六年に中佐へ昇進したのち一九三八年から陸軍省に勤務した。

■味方の損害を抑えつつ着実に戦果のあがる作戦を選ぶ

一九四三年三月七日、北アフリカ戦線で敗退が続いていた第二軍団の指揮をジョージ・パットンが引き継いだ際、ブラッドレーは地中海派遣連合軍最高司令官であったドワイト・アイゼンハワー直属の、第二軍団付臨時監察官としてこの地に着任し、のちに軍団の副軍団長としてパットンとともに戦った。

四月一四日、北アフリカで連合軍の勝利がほぼ決定的になってくると、パットンはシチリア島上陸作戦の準備のために第七軍司令官として転出し、ブラッドレーは後任として軍団長に就任した。

この時期、アフリカ戦線の戦況はすでに最終段階に入っていたが、ブラッドレーは着実に枢軸国軍を追い詰めていった。五月七日にはチュニジアのビセルトを攻略し四万人近い枢軸国軍将兵を捕虜として、アイゼンハワーから高く評価されている。

そのあと、中将に昇進したブラッドレーは、シチリア島上陸作戦で上陸部隊第一波として参加。一九四四年六月のノルマンディーへの上陸作戦「オーバーロード作戦」でも、やはり第一波を担当する第一軍司令官として参加している。

この作戦中、先鋒部隊の苦戦を知ったブラッドレーは、駆逐艦からドイツ軍陣地へ艦砲射撃を行ってこれを援護。続く七月の「コブラ作戦」でも、ドイツ軍の最前線に猛烈な爆撃を行うことで敵を消耗させ、そののちに部隊を突撃させることで戦線に突破口を開いている。

こうした、すでに味方が突入している地点への支援砲撃や大規模な空爆は、綿密に打ち合わせをしていても味方への被害が出やすいものだが、彼は誤射・誤爆をするリスクと、敵に大損害を与えるというメリットを計算して、これらの実施を決定したのである。しかし、達成可能な目標が同じならば、誤射や誤爆による犠牲が出てもより損害を抑えられる作戦のほうがよいのは間違いない。ブラッドレーは、味方の損害を極力抑えつつ、着実に戦果をあげる作戦を選んだのである。

これらの功績から、ブラッドレーは八月に第十二軍集団司令官へ就任し、アメリカ上陸陸軍百五十万人の指揮官となる。ドイツ軍のアルデンヌ攻勢に対しては、素早い対応で要衝バストーニュの救援やドイツ軍背後の遮断を行って反攻を封じた。

戦後ブラッドレーは、陸軍参謀総長、北大西洋条約機構（NATO）の軍事委員会初代議長、アメリカ統合参謀本部議長（在職中の一九五〇年に元帥に昇進）などを歴任した。また、回顧録を出版したほか、戦争映画『パットン大戦車軍団』の顧問なども務め、一九八一年に亡くなった。

マーク・ミッチャー

士気高揚をはかり新戦術を導入した沈黙提督

◆一八八七年〜一九四七年　◆最終階級／大将

陸軍
海軍
空軍

■ヘイジング（しごき）をうけて無口になる

マーク・ミッチャーは、太平洋戦争で高速空母部隊を率いて戦った人物として知られる。彼は多くの戦果をあげたものの、無口なうえに自身の宣伝活動を嫌ったため、アメリカ国民でもよく知らない人も多いという。

雑貨屋に勤務する父のもとに生まれたミッチャーは、裕福ではなかったが貧しくもない、平穏な家庭に育った。

裁判所で書記をしていた叔父からは、ウェストポイントの陸軍士官学校へ入学し、騎兵になることを勧められたが、父はアナポリスの海軍兵学校行きを熱望していた。ミッチャー自身は海軍や軍艦にはまったく興味がなかったが、父を落胆させたくなかったため、一九〇四年にアナポリスの海軍兵学校へ入学した。学校では、上級生によるヘイジングと呼ばれるしごきや、グループ間でのクラス・ファイティングという、集団の喧嘩も多かった。二年生になった秋に、ミッチャーのグループのひ

とりがこの喧嘩で死亡するという事件が発生したため、議会からこれら伝統的暴力行為の禁止と、関係者の懲罰を求められた。このとき、ミッチャーは学業不振と普段の素行がよくなかったことを理由に、退学処分を受けてしまう。

これに驚いた彼の父が知人の連邦議員に頼み込んだため、ミッチャーは再び入学することになったが、このために自分より年下の者からヘイジングを受けることになり、精神的に大きな打撃を受けて無口になった。ミッチャーは同級生から「内向的かつ反抗的で、非社交的」と評されていたが、再入学時に受けたヘイジングが原因のひとつだった可能性は、十分に考えられることである。

一九一〇年、海軍兵学校を卒業したミッチャーは、戦艦「コロラド」に乗り込むことになったが、学生時代にイギリスの航空関係の本を読んで興味をもっていたため、のちに航空コースを希望して、一九一五年にフロリダ州のペンサコーラにある飛行学校の第一期生として入学した。

一九一九年、大型水上機三機による大西洋横断が行われた。飛行機学校の教官だった、ジョン・タワーズやパトリック・ベリンジャーが参加し、ミッチャーはベリンジャーの機に乗り込んだ。

一九二二年、ミッチャーはこの前年に設立された海軍省航空局での勤務となり、のちに空母「ラングレー」や「サラトガ」の勤務を経て、水上機母艦「ライト」の艦長となった。

■生活環境を改善し、士気高揚をはかる

ミッチャーは、一九三六年から一九四一年まで航空局次長を務め、一九四一年、空母「ホーネット」の艦長に就任した。

一九四二年四月、ミッチャーの「ホーネット」は、ウィリアム・ハルゼー指揮下の空母「タスクフォース16（第一六任務部隊）」に編入され、ジミー・ドーリットル陸軍中佐率いるB25爆撃機を搭載。日本本土への奇襲作戦に参加した。

五月に少将へ昇進したミッチャーは、六月に行れたミッドウェー海戦に参加したのち空母「ホーネット」から離れ、ハワイの哨戒飛行部隊司令官、ヌーメア艦隊航空指揮官を歴任したのち、ソロモン方面航空指揮官に就任した。

この部隊は、過酷な環境下での任務と混成部隊だったことで士気が低下していたが、ミッチャーは生活環境を改善して戦意に欠ける飛行隊長を更迭。新戦術を導入して積極戦法を取り入れたほか、勲功のあった部隊に酒を配って活気を与えた。

一九四四年三月、ミッチャーはタスクフォース58（第五八任務部隊）の司令官となり、中将に昇進。彼の機動部隊はトラック島やマリアナ諸島で戦果をあげたほか、フィリピン解放戦、硫黄島上陸作戦、沖縄戦で攻撃の先頭となって活躍した。

戦後、ミッチャーは作戦部長への就任を打診されたがこれを辞退。大西洋艦隊司令官となって大将に昇進したが、一九四七年に心臓発作で亡くなった。

ウィリアム・ハルゼー

航空に着目し、機動部隊を統率した海の猛将

◆一八八二年〜一九五九年　◆最終階級／元帥

陸軍　海軍　空軍

■駆逐艦のエキスパートから海軍屈指の提督へ

「ブル」という渾名《あだな》で呼ばれたウィリアム・ハルゼーは、大きくいかめしい四角い顔をしたブルドッグのような風貌で、海軍提督というよりは陸軍の猛将のような人物である。上官のアーネスト・キングは、ハルゼーを「頭が悪い」と酷評していた。確かにハルゼーは知的な人物ではなく、会話においても婉曲な表現など一切せず、常にストレートな表現で話す人物であった。

しかし、当時のある参謀は「ハルゼーのもっとも強いところは素晴らしいリーダーシップで、カリスマ的な効果があり、みんなは魔法の棒で触れられたようになった」と証言しており、部下からは高い支持を得ていたようだ。

ハルゼーは、アメリカのニュージャージー州で海軍中尉の子として生まれた。ハルゼーの家は、代々船乗りや冒険家など活動的な職業に就いており、その血を受け継いだハルゼーも、アナポリスの海軍兵学校への進学を希望した。

一九〇〇年七月、念願の海軍兵学校へ入学したが、活発な彼はアメリカンフットボールに熱中してしまい、あまり成績はよくなかった。

卒業後ハルゼーは戦艦「ミズーリ」に配属され、その後数隻の艦に勤務したのち正式に少尉へ任官し、一九〇七年からはアメリカの海軍力を誇示するための世界巡航に参加。一九〇九年に帰還すると、士官増強政策から中尉を経ずに大尉へ昇進した。

一九一二年に駆逐艦「フルーザー」の艦長となるが、海軍次官だったフランクリン・ルーズベルトのキャンポボロ島の別荘へ、水先案内人として出向いたことがあった。このとき、一時的に操艦を希望したルーズベルトに対し、ハルゼーは快く許可を出し、ルーズベルトはこの対応に好感をもったという。

第一次世界大戦が間近に迫ると、ハルゼーは大西洋駆逐艦艦隊に所属。Uボートの被害が増加した大戦の後期には、駆逐艦艦長として輸送船団の護衛にあたった。大戦終了後は、太平洋駆逐艦戦隊指令に就任するが、このときレイモンド・スプルーアンス少佐が指揮下に入っていた。

一九二七年、海軍兵学校に恒久的な航空教官団が設置され、ハルゼーが直接指揮を執ることになった。このころ、ハルゼーは航空に関心をもつようになり、航空課程コースを受けようとしたが、視力検査で不合格になった。しかし、海軍大学、陸軍大学での研修を経たハルゼーは空母の艦長就任を打診され、これを受けるため飛行学校に入学する。航空関係者コースを受けたが、操縦員コースでなければパイロットの気持ちは理解できないと考え、対策を講じてもぐり込んだ。

一九三五年に「サラトガ」の艦長へ就任したハルゼーは、これ以降、航空基地や空母戦隊の司令官を務めることになる。

一九四〇年六月、中将に昇進したハルゼーは、航空戦闘部隊司令官兼第二空母戦隊司令官となり、太平洋艦隊のすべての空母を指揮することになった。

一九四一年に太平洋戦争がはじまると、ハルゼーは一九四二年二月にマーシャル諸島攻撃に参加。同年四月に、空母「エンタープライズ」や「ホーネット」で編制された「タスク16（第一六任務部隊）」を率いてドーリットル空襲に参加し、東京奇襲作戦を成功させた。九月には南太平洋方面軍司令官に着任し、ヌーメアに司令部を置いてガダルカナル島を巡る戦いに参加した。

その後ハルゼーは、ソロモン諸島などの攻略を指揮。マリアナ沖海戦後は、第五艦隊のスプルーアンスから指揮権を引き継ぎ、第三艦隊司令官として台湾沖航空戦やレイテ沖海戦を戦った。ハルゼーは、レイテ沖海戦での誤判断や、沖縄戦でスプルーアンスから指揮権を引き継いだあとの航空戦で被害が大きかったことなどから、一時は更迭の危機も迎えたが、国内で人気があったため難を逃れている。

ハルゼーは、終戦直後の一九四五年十一月に退役したが、その一週間後に元帥に任命された。その後は、会社の役員や名誉会長などさまざまな職に就いたが、一九五九年に心臓発作のため亡くなった。

温厚な人柄で多くの人に親しまれた穏健派提督

フランク・フレッチャー

◆一八八五年〜一九七三年　◆最終階級／大将

陸軍　海軍　空軍

■伯父の影響を受けて海軍士官の道を決意

フランク・フレッチャーは、アイオワ州マーシャルタウンで生まれた。母方の祖父は資産家で、フレッチャーは裕福な家庭に育った。勤勉で精力的な祖父は人望を集め、銀行家や保険業など、さまざまな業務を行っており、入り婿のような形で結婚した父もまた実業家であった。地元のマーシャルタウンでは名士であり、その影響力を考えれば、フレッチャーがその気なら政治家への道も可能だったという。

しかし、フレッチャーは、海軍に勤務する伯父の影響で、アナポリス海軍兵学校への進学を決めた。ちなみに、フレッチャーの伯父はこの当時、駆逐艦の艦長から魚雷工廠《こうしょう》長を経て、海軍省の兵備局に勤めていたが、兵器開発関係の道を進んで大統領に認められ、のちに大西洋艦隊司令官となる人物である。

フレッチャーは、一九〇六年に卒業すると一九〇八年に少尉に任官した。伯父が大西洋艦隊第一艦隊司令官になると、中尉になった一九一二年、伯父の副官として

戦艦「フロリダ」に着任し、一九一四年四月にメキシコ国境戦のベラクルスの占領に参加した。

七月に伯父が大西洋艦隊司令官となって戦艦「ニューヨーク」に移ると、フレッチャーも異動となり、大西洋艦隊総司令部付の士官となった。その後、フレッチャーは海軍兵学校の教官を務めたのち、サンフランシスコ海軍工廠《こうしょう》や海軍省の航海局での勤務を経て、一九二五年にワシントン海軍工廠《こうしょう》長となった。

裕福な家庭で育ったフレッチャーは穏やかな性格をしており、他人の悪口を決して言わない人物だった。フレッチャーの周りには自然と人が集まり、このワシントン勤務時代、彼は海軍関係者をはじめ多くの政治家や実業家と知り合い、友人関係を築いていった。

一九二九年に大佐へ昇進したのち、一九三一年六月にアジア艦隊司令官モンゴメリー・テイラーの参謀長に就任。九月には北京へ渡った。この当時中国では満州事変が勃発し、翌年には日本軍と中国軍が上海で交戦。三月には満州国が建国されるという目まぐるしい時期であった。このあと二年間のアジア艦隊勤務で情報収集に努めたフレッチャーは、アメリカ軍でも有数の知日家《ちにちか》となったのである。

一九三三年、海軍長官クラウド・スワソンの補佐官となる。このころ知り合ったジェームズ・リチャードソンが合衆国艦隊司令官になると、フレッチャーは第三巡洋艦隊司令官となった。

■太平洋戦争緒戦で活躍するも左遷される

日本軍による真珠湾攻撃の当日、フレッチャーはオアフ島の南西で演習を行っていた。こののちフレッチャーは、一九四二年九月に本土へ帰還するまでの間、ウェーク島攻撃、ラバウル攻撃、珊瑚海海戦、ミッドウェー海戦、ガダルカナルの戦い、第二次ソロモン海戦と、連戦を重ねた。

フレッチャーは太平洋艦隊司令官のチェスター・ニミッツから高く評価されていたが、合衆国艦隊司令長官アーネスト・キングからの評価は低く、一九四三年十月から北太平洋軍司令官としてアラスカのアダックに赴任させられてしまう。アラスカはソ連への援助基地であり、戦闘機や艦艇の供与、ソ連将兵の訓練などが行われていた。これらも重要な任務ではあったが、やはり閑職といってよい。

キングがフレッチャーを左遷したのは、キングが彼を嫌っていたためという説が有力である。貧しい家に生まれ、自分の力のみを頼って出世してきたキングは、有能ではあるが協調性に欠け、人望もなく友人もいなかった。彼から見れば、裕福な家に生まれて周囲とうまくやっていくことで、自然と出世していくフレッチャーは許し難かったのかもしれない。

一九四七年、大将に昇進したのち退役したフレッチャーは、ワシントン時代に購入したメリーランド州の家に隠棲した。その後、一九七三年、八十七歳で亡くなった。

陸軍
海軍
空軍

ヨーロッパ侵攻作戦を計画、指導した名参謀長

ジョージ・マーシャル

◆一八八〇年〜一九五九年　◆最終階級／元帥

■明晰な頭脳で早くから参謀として活躍

ジョージ・マーシャルは、第二次世界大戦中に陸軍参謀総長としてアメリカを勝利に導いただけでなく、ヨーロッパの復興計画を立案、指導した人物として知られている。一九〇一年、マーシャルはヴァージニア軍学校を卒業したのちに陸軍へ入隊し、当時アメリカの植民地となっていたフィリピンへ派遣される。

第一次世界大戦も終盤に近づいていた一九一七年、マーシャルは少佐に昇進し、第一歩兵師団の作戦・教練参謀としてフランスへ派遣され、翌年にはヨーロッパ派遣軍最高司令部勤務となった。作戦計画担当参謀として活躍した彼は、一九一九年に派遣軍最高司令官ジョン・パーシング大将の副官となり、大佐に昇進している。

第一次世界大戦が終了したあとは、陸軍省で教練プログラムの立案に携わったほか、国防大学の教官なども務めた。また、中国へ三年間ほど駐在した経験もあり、一九三六年には准将へ昇進している。

このように、マーシャルは第一次世界大戦のころから参謀として活躍していた人物で、第二次世界大戦がはじまってすぐに、陸軍参謀総長に任命されたのも、うなずける話である。

すなわち第二次世界大戦が勃発すると、マーシャルは大将に昇進。フランクリン・ルーズベルト大統領から第十五代陸軍参謀総長に任命された。ヨーロッパ侵攻作戦を計画、指導し、連合軍の勝利に大きく貢献した。

一九四四年、元帥に昇進したマーシャルは、翌年退役したのち一九四七年国務長官に就任。ハーバード大学の講演で、ヨーロッパ復興の計画を発表し、のちに「マーシャル・プラン」と呼ばれる計画の立案と実行を評価され、一九五三年ノーベル平和賞を受賞した。

個人プレーよりも組織の力を重んじた歩兵戦の名手
コートニー・ホッジス

◆一八八七年〜一九六六年　◆最終階級／大将

陸軍
海軍
空軍

■幕僚の力を引き出す堅実な作戦が評価される

一九〇五年に陸軍士官学校を卒業したコートニー・ホッジスは、一九一六年に大山賊パンチョ・ビラを討伐するために派遣された、ジョン・パーシング将軍の遠征軍に歩兵大尉として加わり、これが初の実戦参加となった。第一次世界大戦では、歩兵科の士官として一九一八年のミューズ・アルゴンヌ攻勢に参加し、本格的な戦場を経験している。第二次世界大戦が勃発すると、一九四一年から翌年まで陸軍情報部長を務め、その後第一〇軍団長に就任した。

一九四三年になると、ホッジスは第三軍の司令官となって中将に昇進したが、一九四四年六月の「オーバーロード作戦」に向けてヨーロッパへ移動すると、司令官のポストをジョージ・パットンへ譲り、自身はオマー・ブラッドレー率いる第一軍の副司令官となった。この人事は、のちにブラッドレーが第一二軍集団司令官に昇格することを見越したドワイト・アイゼンハワーが、ホッジスをその後任に据え

るためのものであった。

個人プレーよりも組織の力を重んじるホッジスは、幕僚の力を引き出して堅実な作戦を構築することで知られており、この点がアイゼンハワーの広正面戦略に沿って進軍する司令官として、最適と判断されたのである。

一九四四年にはアーヘンへ到達し、連合軍で初めてドイツ本国の大都市を占領するという快挙を成し遂げた。

こののち、連合軍がライン川へ迫ると、ドイツ軍は川に架かる橋を次々と爆破するが、第一軍は奇跡的にレマーゲン鉄橋の確保に成功。これによって、ドイツの敗北は決定的となったのである。

このホッジスの功績は、今でも欧州戦線最大の戦功と賞されている。

混成の連合国軍をまとめあげ、よく戦った将軍

マーク・クラーク

◆一八九六年〜一九八四年　◆最終階級／大将

陸軍　海軍　空軍

■イタリア戦で見せた粘り強い指揮

一九四二年十一月、北アフリカへの上陸作戦である「トーチ作戦」が実施された。この作戦は、地中海派遣連合軍最高司令官だったドワイト・アイゼンハワーが指揮していたが、その副官を務めていたのがマーク・クラークである。

この当時、フランスでは枢軸国との休戦協定を結んだヴィシー政府が樹立されていたが、ほぼ傀儡《かいらい》政権に近いものであり、枢軸国への協力を余儀なくされていた。

北アフリカのフランス植民地に駐留していたフランス軍内部でも、ヴィシー派と連合軍派に分かれて内部の統制が揺らいでいたため、クラークはこれらフランス軍関係者と交渉を行い、駐留フランス軍との無用な摩擦を回避すべく尽力した。

一九四三年三月、第五軍司令官に就任したクラークは、九月に実施されたイタリアのサレルノへの上陸作戦である「アヴァランシュ作戦」の指揮を執る。上陸後、連合軍はドイツ軍の遅滞戦術に苦しめられながらも徐々に北上していったが、モン

テ・カッシーノ付近でドイツ軍の強烈な抵抗にあい、進撃はストップしてしまった。そんな中、クラークは粘り強く指揮を続け、一九四四年六月にローマへ入城する。しかし、歴史的遺産のカッシーノ修道院を爆撃してしまったのをドイツのプロパガンダに利用されたり、ローマへの進軍を急ぐあまりにドイツ軍兵力の粉砕が不十分に終わるなど失策も目立った。

とはいえ、アメリカ、イギリス軍など、各国の部隊が入り混じった連合軍をまとめ、それなりの戦果をあげたことで評価されている。

戦後、クラークはオーストリアのアメリカ占領軍司令官を務め、一九五〇年からはじまった朝鮮戦争では、韓国派遣の国連軍司令官に就任している。

機動部隊の指揮もこなした砲術の専門家

トーマス・キンケイド

◆一八八八年～一九七二年　◆最終階級／大将

陸軍
海軍
空軍

■砲術士官から艦隊司令官へ

一九〇四年、トーマス・キンケイドはアナポリスの海軍兵学校へ入学したが、成績はよくなく、スポーツもあまりできなかった。卒業時の席次は二百一人中、百三十六位で一九一〇年三月の少尉任官試験でも航海術関連の問題で失敗し、十二月の再試験でなんとか合格したほど、学問は苦手だったようだ。

しかし、キンケイドはアーネスト・キングやダグラス・マッカーサーのような、気難しい上官からも高く評価された人物であり、砲術一筋ながら機動部隊の指揮も難なくこなしてみせるなど、只者ではない資質を見せた提督なのである。

一九一三年、キンケイドは海軍砲術学校へ入学。この間、民間の造船所や電気会社、光学機器会社などを見学している。

こののち、戦艦「ペンシルバニア」の着弾観測士官を務めており、第一次世界大戦中はイギリスに渡って、砲術学校でレンジファインダー（光学式の距離計）のテ

ストを行い、四隻の戦艦勤務を経て砲術関連一筋の砲術士官となった。

一九二一年に「砲の確率と正確性」「海軍兵力の専門化と効率」という論文を発表し、すでに砲術に関してかなりの知識を有しており、一九二六年には、合衆国艦隊砲術参謀に就任。海軍工廠《こうしょう》や兵備局、航海局などの職務を経て、一九四〇年に第六巡洋艦隊司令官に任命された。

太平洋戦争がはじまるとキンケイドは巡洋艦や駆逐艦を率いて空母の護衛任務についた。のちに機動部隊の指揮官となり、北太平洋方面軍の任務を経て第七艦隊司令官に就任。ニューギニア上陸作戦やレイテ沖海戦で活躍した。

戦後は国家保安訓練委員会やアメリカ戦闘記念碑委員などを務めている。

陸軍
海軍
空軍

アルバート・ウェデマイヤー

蔣介石に同情し中国軍の改善に乗り出した名参謀長

◆一八九七年〜一九八九年 ◆最終階級／大将

■中国の行く末を見抜いていた戦略眼

一九一九年、ウェストポイントの陸軍士官学校を卒業したアルバート・ウェデマイヤーは、フィリピンや中国に派遣され、十年間勤務している。この間、中国では天津駐屯部隊に配属され、勤務のかたわら中国語をマスターした。

第二次世界大戦がはじまると、ウェデマイヤーは一九四一年から三年間、アメリカ参謀本部戦争計画部で戦争計画の主任参謀を務め、ジョージ・マーシャルの懐刀として数々の会談に出席した。こののち、東南アジア戦域司令部でのアメリカ側の参謀副部長に就任し、日本軍基地への侵攻作戦を計画する。

一九四四年十月、ウェデマイヤーはジョセフ・スティルウェルの後任として、蔣介石付の参謀長に就任し、中国戦域におけるアメリカ軍総司令官となった。

ウェデマイヤーは慎み深い態度で蔣介石に接し、もちまえの人なつっこい性格もあり、瞬く間に和やかな関係を築いた。ウェデマイヤーは蔣介石と接しているうち

に彼へ同情するようになり、中国軍の一部だけでも連合軍が予定していた長期戦へ役立つものにしようと考え、半飢餓状態にあった中国軍の改善に乗り出した。

大戦後に蔣介石が国共合作へ同意しない限り、経済及び軍事援助を行わないという方針をマーシャルが打ち出すと、ウェデマイヤーは「国共合作は共産党に天下を取らせるだけであり、アメリカが援助をしなければ蔣介石はソ連があと押ししている共産軍に勝てない」と反対を表明した。

一九四六年、ウェデマイヤーはアメリカ本土へ帰還し、一九五三年には大将へ昇進した。退役後は、『第二次大戦に勝者なし』という、回顧録を執筆している。

陸軍
海軍
空軍
海兵隊

海兵隊関係者で初めて大将となった寡黙な勇者
アレキサンダー・バンデグリフト

◆一八八七年～一九七三年　◆最終階級／大将

■荒くれ者を率いた冷静で物静かな男

アレキサンダー・バンデグリフトは、ガダルカナル島の戦いにおいて、海兵隊を率いて先陣を切ったことで知られている。海兵隊と聞くと、荒くれ者のイメージがあるが、バンデグリフトは常に冷静で激することなく任務を淡々とこなし、平時は無駄口をきかず自己宣伝に興味がない物静かな人物であった。

バンデグリフトは、バージニア州で代々治安判事を輩出した、由緒ある家系に生まれた。彼は、バージニア大学へ進学したが、祖父が軍で活躍した話やホームドクターの勧めで軍人となることを決意し、大学を中退して軍事訓練校に入学した。

一九〇九年、海兵隊少尉に任官したバンデグリフトはサウスカロライナ州のフォート・ロイヤルで基礎訓練を受け、以後十四年間はニカラグアやパナマなど中南米各地を転戦する。特に一九一八年に起きたハイチの内乱では、カコ（マフィアのような秘密組織）の首領であるシャルマージ・ペラルトの暗殺作戦に深く関わった。

一九二五年にスメドレー・バトラー准将の副官を経て参謀となり、上海へ派遣される。一九三三年には、バージニア州に駐留していた東海岸地区遠征軍のライマン准将の参謀を務め、海兵隊初の公式上陸戦教範である『上陸作戦マニュアル』の執筆に加わった。

こののち北京駐在の大使館武官となり、帰国後に海兵隊司令参謀、司令補佐官を経て、一九四二年三月に第一海兵師団長に就任。同年八月、ガダルカナル島上陸作戦に参加し、一九四三年十一月にはウィリアム・ハルゼー提督の指揮下で、ブーゲンビル島上陸作戦を実施した。

一九四五年四月、バンデグリフトは海兵隊で初めて大将に昇進し、一九四七年に退役した。

ジョセフ・スティルウェル

援蒋ルートの回復に努めた、蒋介石の参謀長

◆一八八三年〜一九四六年　◆最終階級／大将

陸軍　海軍　空軍

■援蒋ルートを再開させるも更迭される

ジョセフ・スティルウェルは、一九三二年から七年間、北京のアメリカ大使館付陸軍武官を務め、極東情勢に明るかった。また、当時では稀な中国通でもあり、中国語を流暢に話せたことから、彼は一九四一年から中国、インド、ビルマ方面にあったアメリカ軍の指揮を執ることになり、同時に中国陸軍の建て直しをはかった。

一九三七年七月、日本と中国との間で戦争が勃発。中国では、蒋介石が国民党軍、毛沢東率いる共産党軍と共同で抵抗し、アメリカとソ連、イギリスは蒋介石を援助するために四つのルートから援助物資を送った。これが「援蒋ルート」である。

援蒋ルートは四つあったが、香港のルートは一九三八年十月に、フランス領インドシナ（ベトナム西部）のルートは一九四〇年に日本軍が遮断。ソ連のルートは独ソ戦がはじまると途絶えイギリス領ビルマ（ミャンマー）のルートのみとなった。

一九四二年一月、日本軍がビルマへの侵攻を開始すると、スティルウェルは蒋介

石の参謀長に就任。中国第五軍、第六軍を率いてビルマルートを確保を狙うが失敗した。反攻の準備を整えたスティルウェルは、一九四三年十月にミイトキーナ、モガウン方面へインド側から攻勢に出た。翌年二月には、アメリカから第五三〇七臨時混成部隊が到着。彼はこの、通称「メリー・マローダーズ」部隊を前線に投入。新編中国軍と連携した奇襲攻撃を行い、戦線を突破した。一九四四年五月、ついにミイトキーナ飛行場の奪還に成功し、新たな援蒋ルート建設の第一歩を築くが、蒋介石に批判的で不仲だった彼は、十月に解任されてしまった。その後、スティルウェルは軍政下の沖縄駐留の第十軍司令官を務めたが、一九四六年に本国へ戻り、十月に亡くなった。

リッチモンド・ターナー

◆一八八五年～一九六一年　◆最終階級／大将

陸軍
海軍
空軍

■競争心が強く自分の意見に固執した「テリブル・ターナー」

ガダルカナル戦以降、太平洋戦線での全上陸軍の指揮を執った提督がリッチモンド・ターナーである。また、競争心が強く自分の意見に固執するあまり、協調性と従順さに難があり「テリブル・ターナー」と周囲から恐れられていた。

戦前から上陸作戦と空母部隊が重要になると考えていたターナーは、日米開戦後、米国艦隊司令部の参謀副長として、基本戦略の計画に携わっていた。日本軍がガダルカナル島に上陸すると、計画立案能力と戦意の高さを見込まれたターナーはガダルカナル上陸部隊指揮官となる。以降、タラワ、クェゼリン、マリアナ諸島、硫黄島、沖縄まで上陸戦の指揮を執り続けた。

マーシャル諸島攻略後、戦争が終わるまで疲れきっていたと自身も語るほどのターナーの勤務ぶりは、何事も自分がタッチせねば気が済まず、体力が尽きるまで働き、あとは痛飲するだけだった。昔から大酒飲みと噂されていた、彼のテリブルぶりは度を増し、テニアン島攻略後の国旗掲揚式に酔っ払ったままで臨んだことさえあったという。

陸軍 海軍 空軍

ロバート・アイケルバーガー

◆一八八六年〜一九六一年 ◆最終階級／中将

■ブナ戦隊で日本軍を苦しめた司令官

降伏後の日本に上陸した占領軍の、最初の司令官がロバート・アイケルバーガーだ。第二次世界大戦において、彼の最初の戦場となったのはニューギニアのブナ戦線、一九四二年十二月のことであった。

そこには、かつて陸路よりオーストラリアに面した要衝ポートモレスビー攻略を企図した日本軍があった。その日本軍は飢餓とマラリアに苦しみ退却し、戦力は弱体化していたが、現地のアメリカ軍は日本軍陣地を抜くことができなかった。報告を受けたダグラス・マッカーサーは「ブナを取れ、でなければ生きて帰るな」の激励とともにアイケルバーガーを送り出した。彼は苦戦の原因を見抜き、その解決に力を注いだ。結果、約一ヶ月でブナ全地区の占領に成功。そのあともニューギニア、南西太平洋の諸島を転戦し、戦功をあげた彼は第八軍司令官としてレイテ島に上陸、さらにルソン島、南部フィリピンで勝利を収める。

また彼は、味方からも敬遠されがちな性格のマッカーサーと違い、南西太平洋方面軍司令部にて、オーストラリア軍の将官たちと友好関係を維持した人物だった。

ウォルター・クルーガー

◆一八八一年～一九六七年　◆最終階級／大将

陸軍　海軍　空軍

■圧力に屈せず、最良の指揮で勝利を収めた将軍

ウォルター・クルーガーは、第六軍を率いて南西太平洋戦域を転戦した将軍である。彼の第六軍はダグラス・マッカーサー率いる南西太平洋軍に所属し、ニューギニア、ニューブリテン、アドニラル諸島、ビアク、ニュムフォルムなどで戦ったあと、フィリピンのレイテ島に上陸した。

上司であるマッカーサーは、自身が権益をもつフィリピンの奪還を宿願としており、いささか野心的ともいえる攻略スケジュールを立てていた。しかし、雨季によるぬかるみと日本軍の決死の抵抗は、前進を困難なものにしていた。現場で戦う将兵にとってありがたいことに、クルーガーは慎重で確実な前進を心がけた。そして、敵増援の上陸地点オルモックを上陸作戦により奪取、勝利を揺るぎないものにした。続くフィリピンのルソン島の戦闘においても、マッカーサーによって攻勢を促すプレッシャーを受けるが、現状を冷静に把握していたクルーガーはここでも慎重な進撃を部下に命じ、自軍の損害を抑えつつ勝利を収めたのだった。引退後、一九五三年には第二次世界大戦中の自身が率いた第六軍の記録を出版した。

カーチス・ルメイ

◆一九〇六年〜一九九〇年 ◆最終階級／大将（戦後統合された空軍において）

陸軍 海軍 空軍

■日本を焦土にした「鉄のロバ」

東京大空襲をはじめ日本全土への無差別爆撃を立案し、実行した人物として知られるカーチス・ルメイは、分析力に優れ的確な判断を下す将軍であった。日本本土における軍事目標を狙った精密爆撃が効果をあげられなかったことに対し、焼夷弾を使用して生活基盤を無差別に焼き払う戦術へ切り替えたのだ。

彼は第二次世界大戦当初ありふれた士官であったが、戦争がはじまるとドイツ爆撃で功績をあげた。そして少将となった彼は重慶、次いでグアムの爆撃集団司令官となり、日本本土爆撃に従事する。そして前任者の精密爆撃の効果のほどを見切り、東京など大都市そのものが軍需工場であり、これを攻撃すべきと結論づける。「紙と木」でできた日本の家屋専用の焼夷弾まで開発し、無差別爆撃を実行するのである。この効果のほどは、改めて述べるまでもないだろう。

非情な戦略爆撃を行った彼だが、部下の統率に心を傾けた将軍でもあった。「鉄のロバ」と渾名《あだな》されるほど厳しい訓練を施したが、部下からは信頼されていたという。戦後は独立した空軍を育成し、大将で退役した。

アイラ・イーカー

◆一八九八年～一九八七年　◆最終階級／中将（戦後統合された空軍において）

■ウィンストン・チャーチルに昼夜兼行の爆撃を認めさせた将軍

アメリカ陸軍は第二次世界大戦に参戦すると、イギリスに爆撃機隊などを送り込み、ドイツに対し昼間精密爆撃を行っていた。一方、英首相のウィンストン・チャーチルはその戦果を不満に思っており、自国が独自に行っている夜間都市爆撃に合流させることをもくろんでいた。これを阻止したのがアイラ・イーカーである。

軍人でありながらもジャーナリズムに詳しい彼は、昼間精密爆撃を弁護するべく要旨をシンプルに記したメモ一枚を持参してチャーチルと会見した。その中で、「昼夜を置かず爆撃すれば、ドイツ防衛隊は眠る暇さえなかろう」との一句がチャーチルのいたく気に入るところとなり、彼はチャーチル説得の任務に成功した。

軍司令官としてのイーカーは、「マイティ・エイト」と呼ばれた第八空軍を率いて、ドイツへの戦略爆撃に功績をあげ、のちに地中海方面空軍の総司令官となる。ここでは、戦線を押しあげられない在イタリアの地上軍を支援するため、ドイツ軍の難攻不落の拠点と化していた、モンテ・カッシーノ修道院一帯を重爆撃機でもって、破壊し尽くしている。

陸軍
海軍
空軍

アーレイ・バーク

◆一九〇一年〜一九九六年 ◆最終階級／大将

■海上自衛隊の生みの親ともいわれる「31ノットバーク」

戦中「31ノットバーク」の名で知られた闘将で、戦後は海上自衛隊の創設に尽力した人物がアーレイ・バークである。戦前の士官時代から日本との戦争を予期し、自室に太平洋とアジアの地図を貼っていたという彼は、開戦時は陸上勤務だったが、何度も志願し駆逐隊軍司令として海上勤務に就く。南太平洋の二十回を超える海戦で活躍した。そのときのエピソードで、30ノットが限界とされていた駆逐艦を31ノットで走らせこの追撃作戦中、速度を問う無電に「31ノットで航行中」と打電したことがあり、彼の名は武勲とともに一挙に高まった。そののち、マーク・ミッチャー中将の第五八任務部隊の参謀長となり、将官相当の地位に戦時昇進する。また沖縄戦ではミッチャー中将とともに二度も特攻機の突入を受けている。

上司のミッチャーなどと同じく戦後も日本人を嫌っていたが、元海軍軍人も含めた日本人との交流により親日的になり、バークは海上自衛隊創設に協力を惜しまなかった。一九八九年、イージス艦「アーレイ・バーク」の進水式に立ち会うが、自分の名が冠せられた船の進水式に立ち会ったのはバークが初めてだった。

COLUMN

五大国以外の将軍

主要参戦国以外にもいる名将達

第二次世界大戦では、政治的パフォーマンスのように、連合国として終盤に参戦してきた国も含めると、五十ヶ国以上が参加し、また連合対枢軸の図式以外にも同時期に行われた戦争が存在している。まさに世界全体が戦争の季節であったのだ。

この本で章立てて紹介した国以外の将軍にも、逸話にあふれる将軍や名将がいる。枢軸主要国であり、途中脱落したものの北アフリカからロシアまで軍を送り込んだイタリアや、緒戦の敗北から戦勝国となり大国に復活したフランスなどの将軍達である。

イタリアの将軍

●ジョヴァンニ・メッセ元帥：第二次世界大戦初期にはギリシアで、1941年にはイタリア・ロシア派遣軍団の司令官として東部戦線で活躍する。1943年に敗色濃厚な北アフリカ戦線を転戦し、劣勢にもかかわらず、連合国軍に対して戦術的勝利を収めている。

●ロドルフォ・グラツィアーニ元帥：戦前のエチオピア侵攻時の苛烈過酷な戦いぶりで有名な将軍。北アフリカのイタリア軍の総司令官として、兵員数だけは多いものの装備が不十分な軍を率い、エジプトへ侵攻したが、英軍の反攻にあい大敗した。

フィンランドの将軍

●カール・マンネルハイム元帥：フィンランドへ魔手を伸ばしてきたソ連との「冬戦争」「継続戦争」を総司令官として戦った救国の英雄。フィンランドの善戦は「雪中の奇跡」としても知られるが、如何ともし難い国力差により二度も屈辱的な講和条約を結ばされる。

フランスの将軍

●シャルル・ド・ゴール准将：先見性のある軍人で電撃戦に早くから注目していたが、彼の意見は主流とならなかった。首都パリ陥落後、イギリスで亡命政権を立ちあげた。「自由フランス軍」を編制し、戦後のフランスの国際的地位を確保した。のちの仏大統領。

●アンリ・ジロー大将：戦前はシャルル・ド・ゴールの上官で、彼の革新的な軍事思想と対立していた。戦争初期、進駐先のオランダで独軍の捕虜となるも脱走。そののち、ド・ゴールを疎ましく思う連合国に担がれ、フランス亡命政権の主導権を争うも敗退した。

中国の将軍

●衛立煌大将：日中戦争の初期から司令官として勇戦。ジョセフ・スティルウェル将軍により、アメリカ式の装備と訓練を施された雲南遠征軍の総司令官。雲南省から北ビルマに入り、日本軍を駆逐し、連合国による中国国民政府援助のレド公路開通へ貢献した。

PART 6

ソ連の将軍

周辺国に恐れられた赤い巨人

ソ連の軍隊

☭巨大な陸軍を有するも人材不足に悩まされる

革命と内戦を経て生まれたソ連の軍隊は、帝政ロシア時代からの高級士官もいたものの、新たに伝統をつくり出した軍隊といってもいいだろう。政治将校など、共産主義国家の軍隊ならではの特徴をもち、配属された部隊の士気を高めて頑強な抵抗を可能としていた。

また広大な国土を防衛する必要性から、強大な陸軍を保持しており、ドイツによる侵攻後でも日本や満州との正面兵力差はソ連優位のまま推移している。反面海軍に関していえば、内戦と各国の干渉戦争により、戦力は著しく低迷したままであった。そのために海軍を構成する人員は歩兵として地上戦に投入されている。独立した空軍組織もあったが、正式には赤軍航空隊という名称から見て取れるように、地上戦力の援護に大きく特化したものであった。とはいえ、特化しただけに無駄のない航空戦力を所持していた。

なお、陸軍を中心に大きな戦力を有していたソ連軍だが、第二次世界大戦前に行われた大粛清により多くの将校が処刑、もしくは流刑とした。この結果、ソ連軍は有能な将校を失い弱体化し、進めていた陸軍の機械化も大きく遅れることになる。

すでに一九三〇年代初頭には諸兵科連合の機械化部隊も一部編制されていたが、戦車の機動力を活かした集中運用という思想は浸透しないまま、ドイツの侵攻を迎えることとなったのである。

しかし粛清には、ヨシフ・スターリンと国家体制に忠実な人材が残ることになり、また軍の若返りを強制的に促した一面もあった。一時はドイツ軍に首都へ迫られつつも、ただひとり（アンドレイ・ウラソフ）を除いて、ソ連の将軍達はスターリンの排除や体制の変革など考えずに一枚岩となって戦ったのである。

アレクサンドル・ワシレフスキー

縦深作戦理論を構築し、ソ連軍の頭脳となった知将

◆一八九五年～一九七七年　◆最終階級／元帥

■参謀総長としてソ連軍の勝利に貢献

ゲオルギー・ジューコフとともに、第二次世界大戦におけるソ連軍の勝利にもっとも貢献した将軍が、アレクサンドル・ワシレフスキーである。

ワシレフスキーは、第一次世界大戦の勃発とともに祖国愛に燃え、帝政ロシアの士官学校へ入学。前線にも士官として従軍していたが、革命が起きてからは現役を退いている。その後、地元の小学校で教鞭をとっていたが、内戦がはじまるとまた志願して赤軍に身を投じている。

参謀総長でありながらも、戦争の終末が見える時期まで前線へ赴いて戦況を把握し、それに基づいて作戦プランを練り、作戦実施にあたっては各部隊の調整作業に没頭した。また、ヨシフ・スターリンの信頼も厚い彼は、現場の部隊とスターリンとの間の調整役もこなしていたのである。

一九四五年の二月に戦死したイワン・チェルニャホフスキーの後任として、第三

白ロシア方面軍司令官となるまで、ワシレフスキーはソ連軍の作戦指導にあたって勝利に貢献した。裏方ながらも彼の活躍なしには、勝利はおぼつかなかったかもしれない。彼はまさに赤軍の頭脳であった。

■縦深作戦理論の研究と普及に尽力

内戦では中隊、次に大隊を率いたワシレフスキーは、内戦終結後もソ連軍に残る。そして、前線での勇敢な戦闘が評価された彼は、連隊長職を歴任後、教育本部へと転属する。彼を待っていたのは、新しい作戦理論の研究であった。

第二次世界大戦は、戦車という兵器が実戦で初めて真価を問われた戦いでもある。各国で独自に研究された、戦車をはじめとする機械化された部隊の運用法が戦場で用いられていた。この次代の戦争に備えて、ソ連軍では、ミハエル・トハチェフスキー元帥（ソ連軍近代化に務めた「赤いナポレオン」と呼ばれた人物）らにより、機械化された部隊を運用する戦術が研究されており、ワシレフスキーもそれに参加したのだった。彼はその最先端技術を学びつつ、他の将校達にも伝授した。

その作戦こそが、ソ連軍の攻勢を特徴付けた「縦深作戦理論」である。前線から後方までを空爆と砲撃で同時に制圧し、その援護の元、機械化され機動力の向上した地上部隊が敵陣深くまで突破するというものであり、大戦後半のソ連軍猛進撃の原動力となった。

■ヨシフ・スターリンも一目置いたスターリングラードでの勝利

一九四一年の独ソ戦勃発時には、ワレシフスキーは参謀本部に勤務していた。彼は、一九三六年に創設されたばかりの参謀大学に一期生として入学し、そこで軍事知能に磨きをかけたところで、粛清による人材不足を埋めるために抜擢されたのである。そして、大粛清によりトハチェフスキーら多くの将校の命が失われて弱体化し、またドイツ軍の猛攻に喘《あえ》ぐソ連軍において、ワレシフスキーは頭脳ともいうべき存在になっていくのである。

前任参謀総長が病身により、ワレシフスキーがあとを引き継いだのは、ドイツ軍の夏季攻勢を控えた一九四二年六月、まさにドイツ軍の「青（ブラウ）作戦」が発動された時期であった。

ソ連南部コーカサス地方のバクー油田をはじめとした資源地帯奪取を狙うドイツ軍の側背に位置するスターリングラードは、当然ドイツ軍の猛攻にあい窮地に陥る。これに対し、ワシレフスキーはジューコフとともにスターリングラード大反攻作戦を立案、これが大成功を収めてスターリングラードを攻囲していたドイツ第六軍は逆に包囲され、のちに降伏する。

また、コーカサス地方を目指して進軍していたドイツ軍も退路を断たれかけるが、かろうじて退却に成功する。これは質的優位でこれまでソ連軍を翻弄してきたドイツ軍に対して、初となる戦略的大勝利であった。このスターリングラードの勝利以降、スターリンは軍部の作戦能力に一定の信頼を置くようになるという嬉しい副次効果もあった。

なお、ワシレフスキーは、この戦いでエーリヒ・フォン・マンシュタインの差し向けたスターリングラード救援軍に対応し、包囲下の第六軍に対する圧迫を弱めてでも救援軍を阻止し、戦力を強化するよう指導した。この的確な情勢判断があって、救援軍は阻止され包囲網を維持することができたのである。

■堅固な防御陣を築いたクルスク戦

スターリングラード大反攻の余勢を駆った進撃先のハリコフで、ソ連軍はドイツ軍に大敗を喫したため、クルスク周辺がソ連側における戦線の突出部として形成された。ドイツ軍はこれを切断し、戦線を整理するつもりであったが、泥濘《でいねい》期の訪れで不可能となったのだ。まだ舗装道路が完備されてなかった時代のこと、雪解けはロシアの大地をぬかるみにした。そのため両軍ともに軍隊の迅速な行動を望めず、自然と戦いは不活発化したのだ。こうして、クルスク付近はソ連軍に保持されたまま残り、一九四三年夏にクルスク戦が生起することとなる。

大戦車戦が行われたともいわれているクルスク戦。ソ連軍突出部の根元を南北の両翼から締めあげることで、突出部内のソ連軍殲滅を企図したドイツ軍攻勢によって生じた戦闘である。この攻勢の情報をスパイから得ていたソ連軍は、幾重もの防衛線と多数の兵力を集中して迎撃準備を整えた。

このとき攻勢を唱える者もあったが、賢明にもワレシフスキーは断固反対し、防衛案を策定したのである。アドルフ・ヒトラーによる作戦発動の遅延もあり、ソ連軍は防戦準備に十分な時間が取れた。

そして堅固な防御陣に強攻をしかけたドイツ軍へ大いに出血を強いることができたのである。これ以降はソ連軍が戦争の主導権を握り、ドイツ軍をひたすら押し戻していくことへと繋がる。

■アレクサンドル・ワシレフスキーへのご褒美だった対日戦での指揮官職

クルスク戦以降も現地に飛んで作戦指導に携わっていたワシレフスキーは、ソ連軍を最終的な勝利へと導いていくことに成功する。またチェルニャホフスキーのあとを継いだ第三白ロシア方面軍を率いても見事な統帥ぶりを見せ、東プロイセンのケーニヒスベルクを奪取している。

ドイツ降伏後にソ連の対日参戦が決定すると、ここでも満州侵攻プランを練った。そして極東軍の総司令官として満州侵攻の総指揮を執ったが、これは裏方で貢献し続けた彼へ、表舞台で武功を立てさせようという、ご褒美であったといえよう。

戦後は、国防相など軍の要職を歴任し、八十二歳でこの世を去った。

コンスタンチン・ロコソフスキー

独ソ戦の転機となる戦いすべてに関わったポーランド人元帥

◆一八九六年〜一九六八年　◆最終階級／元帥

■数奇な運命のポーランド人元帥

コンスタンチン・ロコソフスキーは、出生地がポーランドであり、そのために過酷な運命を突きつけられることもあった。ソ連の下で衛星国として独立したポーランドの国防相となり、ソ連の影響力をポーランドに及ぼすのに重要な役割を果たした人物でもある。

また、独ソ戦において勝敗の帰趨《きすう》を左右する戦闘へ参加し、戦争終結後の対独戦勝記念式典では、ゲオルギー・ジューコフと並んで主役を務めた。

■前途有望だった青年将校を突如襲った粛清の嵐

ロコソフスキーが生まれたのはワルシャワだが、当時ポーランドは存在せず、ワルシャワはロシア領であった。そのため、第一次大戦では帝政ロシアの軍隊に入り、騎兵として勤務していた。その後の革命から内戦へと続く激動の時代には赤軍に入

り、戦功を立てている。

内戦で指揮官として高い評価を受けた彼は、フルンゼ陸軍大学を卒業するなど、軍のエリートコースに乗る。家族に不幸が続いて孤児となり、十四歳で工場労働者として働いていたロコソフスキーは今や、将来を約束された軍人となっていた。

軍人として順調に歩んでいたロコソフスキーだが、赤軍大粛清に巻き込まれる。身に覚えのない罪状を突きつけられて、三年間も投獄されたのだ。投獄中には、歯を抜かれるような陰惨極まる拷問にあったが、それに耐えて、悲惨な粛清の嵐を生き抜いた。容疑は日本およびポーランド秘密警察のスパイというものであった。ポーランド出身という彼の出生が不利に働いたといえる。

■方面軍司令官として、転機となる戦いすべてに参加

一九四〇年に釈放され、監獄からかろうじて生還したロコソフスキーは、軍の指揮官に復帰する。そして第九機械化軍団長として、一九四一年六月二十二日にドイツとの開戦を迎えた。

当時、彼が率いた部隊の主力は旧式装備であり、その部隊の戦闘力は貧弱といっても差し支えなかった。その弱小部隊を率いてロコソフスキーは奮戦し、快進撃を続けるドイツ軍の足を引っ張り続けた。

この功績によって、八月には第一六軍司令官に抜擢され、スモレンスク〜モス

クワ間でドイツ軍と激闘を繰り広げている。その後、モスクワ前面で潰えたドイツ軍を押し返すべく行われた大反攻において、ロコソフスキーは重傷を負い、しばらく前線から離れることになった。

戦傷から復帰したロコソフスキーは、次々に重要な局面や地域の方面軍司令官を任せられ、ソ連軍の勝利へ大いに貢献している。復帰直後、ドン方面軍司令官となりスターリングラード大反攻で大きな功績を立てる。翌年のクルスク戦では中央北方軍司令官として、ソ連軍のクルスク突出部の北翼を守り、ヴァルター・モーデル率いるドイツ第九軍をほとんど前進させなかった。

また白ロシア解放の「バグラチオン作戦」では自分の担当正面に対する攻撃方法について、ヨシフ・スターリンと大議論を演じてまで自説を認めさせ、第一白ロシア方面軍を率いた実際の作戦行動において大きな戦績を残している。彼は白ロシア首都ミンスクを開放している。このバグラチオン作戦の大成功により、ドイツの北方軍集団は壊滅状態になったのだ。

その後、同方面軍を率いてワルシャワ、最終的にはベルリンへ向けて進撃する彼をちょっとした不運が襲う。彼は隣の方面軍に転出させられたのだ。ベルリン占領の栄誉は、後任のジューコフのものとなった。のちに、ソ連のポーランド駐屯軍司令官を務めつつも同国国防相へ就任し、ソ連とポーランドで元帥になっているが、彼はどちらからも自国民として見られないことをこぼしていたという。

機械工から栄進して将軍となったスターリングラード防衛の立役者

ワシリー・チュイコフ

◆一九〇〇年〜一九八二年　◆最終階級／元帥

■スターリングラード防衛戦の英雄

ワシリー・チュイコフは独ソ戦の転機といわれる、スターリングラード防衛戦で活躍した将軍である。

この防衛戦でヨシフ・スターリンは自身の名を冠した都市の死守を命じ、熾烈を極めた市街戦を戦い抜くことで、チュイコフはドイツ第六軍の包囲殲滅のきっかけをつくったのである。

スターリングラードの英雄はソ連の独裁体制化でも不滅であった。第二次大戦終結後、彼は一時期左遷されることはあっても、その死のときまでソ連中枢の要職を歴任している。

「スターリングラード会戦」などの回顧録を残しているチュイコフは、自らの名を戦史に刻んだかつての激戦地スターリングラード、現ヴォルゴグラードに埋葬されている。

■フィンランド軍に叩きのめされ、前線指揮をはずされる

弱冠十二歳にして機械工として働いていたチュイコフは、一九一八年にはじまるロシア内戦において迷わずボリシェヴィキの赤軍に入隊している。そして生真面目な勤務振りを評価されて、なんと翌年には連隊長へと昇進を果たした。

内戦終結後も軍に残った彼は、軍教育機関で研鑽を積み、将来を嘱望されるエリート将校となる。

そののち旅団長、軍団長を歴任し、ポーランド侵攻や冬戦争には、軍司令官として参加している。

なおフィンランドをソ連が侵略した冬戦争では、スオムスサルミの戦闘において一個師団のフィンランド軍に、隷下の二個師団が殲滅という大被害にあってしまう。とはいえ、祖国防衛の戦意も高く地の利をもつフィンランド軍に対し、当時のソ連軍は冬季装備を欠き、大粛清により有能な士官達は払底《ふってい》し、練度の低い現場では調整の取れない攻撃しかできないのが実情であった。

その後、彼は軍事顧問として海外へ派遣され、一九四二年まで前線で部隊を指揮することはなかった。そのため、独ソ戦の初期に相次ぐ自軍の敗報に接し、切歯《せっし》扼腕《やくわん》しながら前線復帰を待ち続けたのである。

■ドイツ第六軍を泥沼の市街戦に引きずり込む

ようやくチュイコフに召還命令が届いたのは一九四二年三月であった。帰国後、まず彼が与えられた任務は敗残部隊の建て直しであった。これを見事に果たしたあとに、その組織運営力の手腕を買われて第六二軍司令官として、スターリングラード防衛にあたることとなった。すでに爆撃と砲撃で瓦礫《がれき》の山と化していたスターリングラード市街地に、チュイコフは司令部を置いた。そして決して後退せずに、最後まで背後を流れるヴォルガ川の西岸に留まり続けたのである。

それまでの戦闘で消耗していた第六二軍を、ヴォルガ東岸から続々と送り込まれる増援により再編し、また既に危機的な状況の地域に部隊を送り込むのがチュイコフの仕事であった。同時に巨大工場などを中心に、頑強な抵抗拠点をつくった。

チュイコフと彼の第六二軍は「手榴弾の届く距離で戦う」をスローガンに、近接戦闘による市街戦を行った。このことはドイツ軍が得意とする空軍による直協支援や、機動力を生かした作戦行動を封殺することとなった。結果的に市の九割を敵に占領されるが、ドイツ第六軍を泥沼の市街戦に誘引することに成功。これにより、友軍の反撃が開始されるとドイツ第六軍はスターリングラードに深入りし過ぎていたため、対応できずに包囲され降伏する。その後、第六二軍改め第八親衛軍を引き続き指揮下において、チュイコフはベルリン戦まで戦い抜いたのであった。

赤軍機械化の父として知られる名将

ニコライ・ワトゥーチン

◆一九〇一年〜一九四四年　◆最終階級／大将

陸軍
海軍
空軍

■ウクライナ人との因縁めいた関係

ニコライ・ワトゥーチンは、戦車の集団を中核に据えた打撃部隊の運用に優れた将軍で、攻撃精神の旺盛な指揮官であった。

また赤軍（ソ連軍）機械化の父としても語られ、新しい時代の戦争に向けた軍の再編制にも貢献した人物である。

彼は前線視察中に、パルチザンの襲撃に合って重傷を負い、その約二ヶ月後に療養中の病院にて息を引き取る。この襲撃は、反共産主義思想をもつウクライナ人民族主義者によるものであった。

彼の軍歴は、内戦におけるウクライナ人のパルチザンとの戦闘から幕を開けるというものだった。

しかし、同じくソ連を拒否するウクライナ人ゲリラによって幕を下ろされるという、まことに因果めいたものとなったのである。

■参謀畑でソ連軍の強化・作戦指導に貢献する

ワトゥーチンは、ソ連の内戦が終結しかけるころの一九二〇年に軍へ入隊したため、実戦経験はウクライナの貧農によるパルチザンを掃討するという程度の限られたものしかなく、大きな戦闘で抜群の功績を収めるというような、派手な軍歴はなかった。しかしポルタヴァ歩兵学校、フルンゼ陸軍大学など、軍内の教育機関で学問に励むことで、ワトゥーチンは軍人としての能力を高めることに成功している。

その結果、参謀本部軍事アカデミーの第一期生として、アレクサンドル・ワシレフスキーらと机を並べている。その後、参謀本部作戦部長と参謀総長第一代理とを兼任して中央の要職に就いたワトゥーチンは、機械化部隊を軍団規模に再編制するという大事業に貢献したのだった。

この参謀としての活躍はドイツとの戦争がはじまっても継続する。参謀本部において活躍し、また北西方面軍の参謀長としてもレニングラード（現サンクトペテルブルク）方面防衛の作戦指導に尽力している。

■実戦で証明された前線指揮官としての能力

ワトゥーチンが司令官として活躍するのは、モスクワ防衛も成り、一九四二年のヴォロネジ方面軍司令官就任からである。これ以降、彼は参謀としてだけでなく、指揮官としても有能な人材であることを実戦で証明していく。

同年の十月に行われた、スターリングラード反攻作戦では、南西正面軍司令官として、スターリングラードにあったドイツ第六軍を右翼から包囲している。なお、この重大な功績によって、ワトゥーチンは大将への昇進を手にすることとなった。

その後、余勢を駆ってドニエプル川へ向けてドイツ軍を猛追撃していた彼の南西正面軍は深入りしすぎてしまい、敵の名将エーリヒ・フォン・マンシュタインによる反撃により壊滅的な敗北を喫している。これが第三次ハリコフ攻防戦である。大失態であったが、この程度では揺るがないほどソ連軍上層部のワトゥーチンへの信頼は厚かったようで、再びヴォロネジ方面軍司令官となった彼は、クルスク戦で奮闘している。

ワトゥーチン率いるヴォロネジ正面軍は一九四〇年十月に改称され、第一ウクライナ方面軍となるが、彼がそのまま指揮を執り続ける。そして、ウクライナ首都のキエフを攻略し、コルスン包囲戦など、ソ連によるウクライナ解放のために活躍する。しかし、この順調そのものだった彼の軍歴は前線視察によって終わりを告げる。ロブノ奪回作戦中に、ゲオルギー・ジューコフの反対を押し切って視察に出発したワトゥーチンは、反ソ連を掲げるパルチザンの襲撃に遭遇する。かろうじて、命は取り留めたものの前線を退き、その傷が元で人生を終えるのだった。

イワン・チェルニャホフスキー

死してその名を留めた赤軍の若き上級大将

◆一九〇六年〜一九四五年　◆最終階級／上級大将

陸軍
海軍
空軍

■勝利を目前に戦死した最年少の将軍

独ソ戦が開始された後、前線で師団を率いた奮戦が認められて軍団、そして軍の司令官へと昇進していった将軍がイワン・チェルニャホフスキーである。これらの功績により、彼は二度に渡って、ソ連邦英雄章を授与している将軍としても有名である。

のちに弱冠三十八歳で当時最年少の上級大将となる。

この前途有望な青年司令官に対し、赤軍の重鎮であるゲオルギー・ジューコフやアレクサンドル・ワシレフスキー、そしてヨシフ・スターリンまでもが大いに期待を寄せていたという。

一九四五年二月、東プロイセンの占領作戦に従事中、戦闘を視察していた彼は重傷を負い、その傷が元で死亡している。

ドイツ降伏まであと三ヶ月を残すのみとなった時期のことであった。

■本人までもがとまどった異例の出世

十八歳で軍へ入隊した彼は、砲兵学校、機械化自動車化軍大学に進み、当時のソ連高級軍人とは切っても切れない、大粛清の時代を生き延びている。

独ソ戦のはじまる一九四一年には第二八戦車師団を率いていたが、戦い空しく師団は装備の大半を失い、のちに戦車師団から歩兵師団である第二四一狙撃兵師団として編制を改められている。

しかし、チェルニャホフスキー自身の部隊指揮官としての功績は認められ、より上級の司令官、第一八機械化軍団長になっている。また彼の指揮官としての手腕に期待する上層部は、軍団長になって一ヶ月後のチェルニャホフスキーに対し、第六〇軍司令官を任せた。

さすがにこの異例の昇進スピードには、当のチェルニャホフスキー自身がとまどいを禁じえなかったらしく、自身への過大評価ではないかと悩んだらしい。しかし、彼を買うワシレフスキーは、わざわざ彼の元に出向いてまでいろいろとアドバイスを与え、大軍の指揮の経験がまだ浅く、自信喪失となっていたチェルニャホフスキーを励ます。

これに見事応える形でチェルニャホフスキーは以降第六〇軍を率いて奮戦し、そのあのちにクルスク戦を生起させるクルスク突出部の攻勢で結果を残している。

とも西へ西へと戦線を進めていき、キエフ北方のドニエプル川西岸へ橋頭堡《きょうとうほ》を築き、まさにソ連軍戦線を牽引するかのような存在となった。

■死してその名を都市名に留める

一九四四年六月のソ連軍の大反攻作戦「バグラチオン作戦」においてチェルニャホフスキーは、第三白ロシア方面軍司令官として戦場にあった。彼に任されたのは、作戦全体の成否がかかった重要目標となるヴィテブスク攻略であった。これもわずか五日という短期間でチェルニャホフスキーは成し遂げたのであった。

そのあとの東プロイセンへ向かう侵攻作戦においても活躍し、チェルニャホフスキーはその作戦進展における中心的役割を担ったのである。

彼はソ連軍における名将のひとりとして、その名を不朽のものとしたといっても過言ではないだろう。

一九四五年一月の作戦開始後、当月内に東プロイセンの古都イシュテンブルクを占領するが、翌二月の前線視察で彼は戦闘に巻き込まれ重傷を負う。そして周囲の心配も空しく、時をおかずして、チェルニャホフスキーは死亡したのである。

なお、次代のソ連軍を担う逸材として期待された若き名将の名は、都市名として現在も生きている。ドイツ時代はインスターブルクという名前だった元東プロイセンの都市が、現在はチェルニャホフスクという彼の名を冠した町になっている。

ハインツ・グデーリアンも悩ませた戦車戦のエキスパート

ミハイル・カトゥコフ

◆一九〇〇年〜一九七六年　◆最終階級／元帥

■ソ連でもっとも優秀な戦車部隊の指揮官

「ソ連英雄章」に二度輝いた、ソ連でもっとも優秀な戦車部隊の指揮官。第四戦車旅団を率いて、ハインツ・グデーリアンの第二装甲軍と死闘を繰り広げたことでも有名な将軍である。

ドイツ軍中央軍集団がスモレンスクを落とし、モスクワに迫りつつあったとき、ミハイル・カトゥコフの第四戦車旅団はモスクワ南方のオリョールにあった。この時期のソ連戦車旅団の規模は小さく、戦車の数は二個大隊分が定数であったが、強大な敵に痛手を与えるべく、彼は待ち伏せをしかけることにした。しかも、次々と陣地を変え欺瞞《ぎまん》を行うなど、創意工夫をこらした戦闘を心がける。この巧みな戦闘と勇敢な戦いぶりに、破竹の勢いで進撃してきたドイツ軍も大いに悩まされた。

そして、この優れた功績により、第四戦車旅団には、戦車部隊では初となる「親衛部隊」の称号が与えられたのだった。

■優れた戦車指揮官

その後も戦車戦のエキスパートとしてカトゥコフは戦い続けた。

一九四二年にルジェフのドイツ軍に縦深突破をかけ、翌一九四三年には、クルスクで第一戦車軍を率いてドイツ軍の攻撃をはねのけた。また、戦車兵元帥となり、翌年に第一戦車軍も第一親衛戦車軍へと変わり、ベルリンまでカトゥコフの指揮下で戦い続けた。

ベルリン攻防の際は、ゲオルギー・ジューコフの第一白ロシア方面軍隷下にあり、ワシリー・チュイコフの第八親衛軍の右翼に肩を並べ、ベルリン市内へ突入。

カトゥコフは、ベルリン攻略の栄誉の一端を担ったのである。

モスクワからベルリンまで奮戦し続けた不倒のジェネラル

イワン・コーニェフ

◆一八九七年～一九七三年　◆最終階級／元帥

■独ソ戦の全期間を通じて活躍した将軍

イワン・コーニェフは独ソ戦の初期から、ドイツ降伏まで第一線の司令官として活躍した将軍である。軍人のキャリアは第一次世界大戦に召集兵として参加したところからはじまっている。寒村の貧しい農民の子として育った彼は、やがて起きた革命の熱気に魅せられる。そして、内戦では赤軍に身を投じることになったのだ。

ソ連の内戦期を通じて、順調にキャリアを積んだ彼は、フルンゼ陸軍大学を卒業するなど高級将校としての道を歩み出す。その後、軍事顧問として参加したスペイン内乱において、すでに枢軸国の軍隊と干戈《かんか》を交えている。帰国後は軍管区司令官を歴任した。そして、独ソ戦勃発時には中将として第一九軍を率いていた。

コーニェフは破竹の勢いで進軍してくるドイツ軍と、スモレンスクにて激突するが、彼の部隊は敢闘空しく壊滅的な損害を受けしまう。

その後、モスクワ前面を守る西部方面軍司令官となるも、ゲオルギー・ジューコ

フに取ってかわられ、モスクワ北方のカリーニン方面軍司令官に任ぜられる。そこで彼は頑強に防衛線を守り抜き、モスクワ防衛に寄与している。

一九四三年のクルスク戦における彼の役割は、戦略予備軍の指揮官であった。新たに編制されたステップ方面軍を率い、プロホロフカ方面へ突破してきたドイツ軍と、激しい戦車戦を繰り広げた。

その後、チェルカッスイでドイツ第八軍の包囲に成功し、元帥に昇進。第一ウクライナ方面軍を率いて、ベルリンへと進撃。

ジューコフの第一白ロシア方面軍とベルリンを目指して競い合うが、惜しくもベルリン攻略の栄誉はジューコフの手中に落ちる。

アンドレイ・イエリョーメンコ

◆一八九二年〜一九七〇年 ◆最終階級／元帥

陸軍 海軍 空軍

■赤軍の熱血前線司令官

スターリングラードの戦いで反攻作戦の指揮を執り、活躍したことで有名な将軍。独ソ戦がはじまって以来、前線の部隊の指揮を任され続けてきた将軍でもある。

独ソ戦がはじまると、極東赤軍の強化に努めていたアンドレイ・イエリョーメンコはモスクワへ召還される。緒戦で敗退を続けた責任を問われ、銃殺された司令官の後任となったのだ。しかし、敗退を続けた部隊はもはや軍の体裁をなしておらず、彼を司令官としてブリャンスク方面軍が新編制される。ヨシフ・スターリンの前で勝利の大見得を切ったイエリョーメンコだったが、ドイツ軍の猛攻を前に戦闘に巻き込まれて重傷を負ってしまい、入院を余儀なくされてしまう。

その後、南東方面軍、スターリングラード方面軍の司令官を兼務し、巧みに戦線を整理縮小して崩壊を防ぎ、敵の第六軍をスターリングラードへ釘付けにすることに成功する。そして、スターリングラードでの大反攻作戦が開始されると、スターリングラードの南方から攻勢に出て勝利を収めた。その後もクリミア、バルト、ウクライナと転戦し、部隊の指揮を執り続けた。

陸軍 海軍 空軍

イワン・バグラミヤン

◆一八九七年〜一九八二年 ◆最終階級／元帥

■少数民族の出身でありながら元帥になった男

他民族国家であったソ連は、その軍隊も多数の民族で構成されていた。イワン・バグラミヤンはアルメニア人でありながら、元帥まで登りつめ、「ソ連邦英雄章」も手にした将軍である。ちなみにアルメニア人は少数民族であり、最大多数のロシア人に対して、約三十分の一の数でしかなかった。このことは、彼がいかに優れた活躍を見せた将軍であるかを示している。

独ソ戦当初は比較的平穏な戦線で任務に就いていたが、クルスク戦後の大反攻作戦で、一躍表舞台に立つこととなる。バグラミヤンが率いていた、第一一親衛軍は攻撃の主軸となったのだ。彼は攻勢のはじまる前には前線の兵力を少なく見せかけ、反攻がはじまると、後置しておいた強力な戦車軍団を主力とする戦力でもって、ドイツ軍戦線を破ったのだった。

そのあとも「バグラチオン作戦」でヴィテブスク攻略の功績をあげ、さらにバルト海沿岸へと突進、ドイツの北方軍集団をラトヴィア、エストニアに孤立させることにも成功している。

セミョン・プジョンヌイ

◆一八八三年～一九七三年
◆最終階級／元帥

■内戦で活躍した赤軍騎兵育ての親

セミョン・プジョンヌイは赤軍騎兵部隊の育ての親として、ソ連の内戦で活躍した将軍である。内戦の期間に、次代の権力者、ヨシフ・スターリンと親交を結び、ソ連最初の元帥のひとりになるなど、順風満帆の出世コースを歩んだ。

しかし、ドイツとの戦争がはじまるころには、プジョンヌイの培ってきた軍事知識はもはや時代遅れのものとなっていた。彼は元帥として、南西総軍という上級戦略レベルの司令官になったが、ドイツ軍によるキエフ包囲で約六十万の捕虜を出すという大失態を見せる。だが、スターリンとの親交が役立ったのか、司令官を解任されるだけで、政治的失脚は免れることに成功している。

そののち、自分よりも若い将軍達が次々と台頭してくるようになると、プジョンヌイの活躍する場所は次第に失われていった。彼にはもはや二線級の部隊の指揮権しか与えられることはなくなったのだ。

第二次世界大戦では、将軍としての戦功をあげることは叶わなかったが、激動のソ連で彼は軍の長老として、九十歳の天寿をまっとうした。

セミョン・ティモシェンコ

◆一八九五年〜一九七〇年 ◆最終階級／元帥

陸軍
海軍
空軍

■フィンランドの防衛線を突破した騎兵出身の指揮官

セミョン・ティモシェンコは、ドイツとの戦争勃発時には元帥で国防人民委員という要職に就いていたが、次第に軍人としての輝きを失っていった将軍である。

彼は、内戦時にセミョン・ブジョンヌイの勇敢な騎兵として活躍し、ヨシフ・スターリンによって赤軍上層部へと引きあげられる。ティモシェンコが将軍として戦争でもっとも活躍したのは、一九四〇年のフィンランド戦のときである。ポーランド分割後、フィンランドへの領土要求からはじまったこの戦いで、ソ連軍は冬季戦への準備が足りず、粛清で人材を欠いていたこともあり進撃は滞っていた。そこでティモシェンコを司令官とした北西方面軍が新設される。彼がソ連軍の進撃を阻んできたフィンランド軍の防衛線、「マンネルハイム・ライン」の突破に見事成功したことで、ソ連はフィンランドに領土割譲の要求を呑ませることができたのだった。

しかし翌年からはじまる独ソ戦では、スモレンスク失陥、一九四二年のハリコフへの攻撃では敵の反撃によって、戦車を主力とした貴重な予備兵力を全滅させ、閑職に回される。戦後も彼は、中央に返り咲くことはなかった。

第二次世界大戦 年表

第二次世界大戦の大まかな出来事や作戦をピックアップした。本書を読むうえで、参考にしてほしい。

年月	各国の情勢	ヨーロッパ戦線	アジア・太平洋戦線
一九三五年三月	ドイツ再軍備宣言		
一九三五年十月		イタリアのエチオピア侵攻	
一九三六年七月	ソ連で赤軍の粛清はじまる	スペイン内戦はじまる	
一九三六年十一月	日独防共協定締結		
一九三七年七月			盧溝橋事件、日中戦争はじまる 日本が北京、天津を占領
一九三七年九月	ドイツのポーランド侵攻		
一九三七年十月			日本が石家荘占領
一九三七年十一月	イタリアが日独防共協定に参加		日本が上海、太原を占領
一九三七年十二月			日本が南京占領
一九三八年三月	ドイツのオーストリア併合		日本が徐州占領
一九三八年六月	アメリカが対日経済制裁開始 (道義的禁輸)		
一九三八年九月	ズデーテン進駐		
一九三八年十月			日本が武漢三鎮、広東を占領
一九三九年三月	ドイツのチェコ併合	スペイン内戦終結	
一九三九年四月	イタリアのアルバニア併合		

一九三九年五月			ノモンハン事件で日ソ軍事衝突
一九三九年七月	アメリカが日米通商航海条約破棄通告		
一九三九年九月	第二次世界大戦開始	ポーランドが独ソ戦で東西に分割	
一九三九年十一月		ソ・フィン戦争（冬戦争）	
一九四〇年一月	日米通商航海条約失効		
一九四〇年三月		フィンランド降伏	
一九四〇年四月		ドイツのデンマーク、ノルウェー侵攻「ヴェーゼル演習」	
一九四〇年五月	オランダ降伏	ドイツがオランダ、ベルギー、フランスに侵攻 英軍ダンケルク撤退	一〇一号作戦開始、重慶爆撃（九月まで）
一九四〇年六月	イタリアがイギリス、フランスに宣戦布告　フランス降伏		
一九四〇年七月		バトル・オブ・ブリテン	
一九四〇年九月	日独伊三国軍事同盟締結	イタリアがエジプトに侵攻	
一九四〇年十月		イタリアがギリシアに侵攻	
一九四一年四月	日ソ不可侵条約締結	ドイツがギリシア、ユーゴスラビアに侵攻	
一九四一年五月		クレタ島降下作戦	
一九四一年六月		イギリスが「バトルアクス作戦」開始 ドイツがソ連に侵攻「バルバロッサ作戦」開始	
一九四一年七月	日本が南部仏印に進駐		

年月	各国の情勢	ヨーロッパ戦線	アジア・太平洋戦線
一九四一年八月	アメリカが対日石油輸出禁止		
一九四一年十月		ドイツが「タイフーン作戦」開始	
一九四一年十一月		イギリスが「クルセイダー作戦」開始	
一九四一年十二月	日本が第二次世界大戦に参戦		ハワイ海戦（真珠湾奇襲） マレー沖海戦
一九四二年二月			シンガポール占領
一九四二年五月			珊瑚海海戦
一九四二年六月		ドイツが「青（ブラウ）作戦」開始	ミッドウェー海戦
一九四二年十月		イギリスが「スーパーチャージ作戦」開始	
一九四二年十一月		「トーチ作戦」連合国軍の北アフリカ上陸 ソ連が「ウラヌス作戦」開始 スターリングラード包囲	
一九四三年一月	連合国がカサブランカ会談	第三次ハリコフ攻防戦	
一九四三年二月		スターリングラードのドイツ軍降伏	日本がガダルカナル島撤退
一九四三年五月		北アフリカのドイツ軍降伏	日本がアッツ島玉砕
一九四三年七月		クルスクの戦い 連合国軍がシチリア島上陸	
一九四三年九月		連合国軍がイタリア半島上陸	

一九四三年十一月	連合国、カイロ会談・テヘラン会談		
一九四四年一月		連合国軍がアンツィオ上陸	
一九四四年四月			日本が大陸打通作戦開始
一九四四年六月		連合国軍がローマ占領 連合国軍がノルマンディー上陸 ソ連が「バグラチオン作戦」開始	アメリカがサイパン島上陸 マリアナ沖海戦
一九四四年七月		アメリカが「コブラ作戦」開始	
一九四四年八月	ルーマニア降伏	イギリスが「トータライズ作戦」開始	
一九四四年九月	ソ連がブルガリアに侵攻	連合国軍が「マーケット・ガーデン作戦」開始	
一九四四年十月			アメリカがレイテ島上陸 レイテ沖海戦
一九四四年十一月			アメリカが日本本土空襲開始
一九四四年十二月		ドイツがアルデンヌ攻勢に出る	
一九四五年二月	連合国、ヤルタ会談		アメリカが硫黄島上陸
一九四五年三月		ドイツが「春の目覚め作戦」開始	
一九四五年四月		ソ連がベルリン攻略	アメリカが沖縄上陸
一九四五年五月	ドイツ降伏		
一九四五年七月	連合国、ポツダム会談 ポツダム宣言		
一九四五年八月	広島へ原爆投下 長崎へ原爆投下 日本降伏		ソ連が日ソ不可侵条約破棄 満州国へ侵攻

参考文献

『第二次世界大戦事典』エリザベス・アン・ホイール、ジェイムズ・テイラー、ステファン・ポープ著　石川好美、逆井幸江、吉良忍、田中邦康訳　朝日ソノラマ
『イタリア軍入門 1939〜1945 第二次大戦を駆け抜けたローマ帝国の末裔たち』吉川和篤、山野治夫著　イカロス出版
『岩波=ケンブリッジ世界人名辞典』デイヴィド・クリスタル編著　岩波書店
『歴史群像 欧州戦史シリーズ 英独航空決戦』学習研究社
『歴史群像 欧州戦史シリーズ 北アフリカ戦線』学習研究社
『歴史群像 欧州戦史シリーズ ベルリン攻防戦』学習研究社
『歴史群像 欧州戦史シリーズ ドイツ装甲部隊全史3』学習研究社
『歴史群像 欧州戦史シリーズ ソヴィエト赤軍興亡史1』学習研究社
『歴史群像 欧州戦史シリーズ ソヴィエト赤軍興亡史2』学習研究社
『歴史群像 欧州戦史シリーズ ソヴィエト赤軍興亡史3』学習研究社
『歴史群像 欧州戦史シリーズ 武装SS全史Ⅰ』学習研究社
『歴史群像 欧州戦史シリーズ 武装SS全史Ⅱ』学習研究社
『歴史群像 欧州戦史シリーズ アメリカ陸軍全史』学習研究社
『歴史群像シリーズ【アドルフ・ヒトラー戦略編】独機甲師団と欧州戦線』学習研究社
『提督スプルーアンス』トーマス・B・ブュエル著　小城正訳　学習研究社
『米軍提督と太平洋戦争』谷光太郎著　学習研究社
『バルバロッサ作戦 上・中・下』パウル・カレル著　松谷健二訳　吉本隆昭監修　学習研究社
『焦土作戦 上・中・下』パウル・カレル著　松谷健二訳　吉本隆昭監修　学習研究社
『俘虜 誰も書かなかった第二次大戦ドイツ人虜囚の末路』パウル・カレル、ギュンター・ベデカー著　畔上司訳　学習研究社
『トータル・ウォー 上 第二次世界大戦 西半球編』P・カルヴォコレッシー、G・ウィント、J・プリチャード著　八木勇訳　河出書房新社
『トータル・ウォー 下 第二次世界大戦 大東亜・太平洋戦争編』P・カルヴォコレッシー、G・ウィント、J・プリチャード著　八木勇訳　河出書房新社
『指揮官と参謀』吉田俊雄著　光人社

『指揮官 最後の決断』岩崎剛二著 光人社
『帝国陸軍の最後1～5』伊藤正徳著 光人社
『連合艦隊の最後』伊藤正徳著 光人社
『名将宮崎繁三郎』豊田穣著 光人社
『戦場の将器木村昌福 連合艦隊・名指揮官の生涯』生出寿著 光人社
『第二次大戦に勝者なし 上・下』アルバート・C・ウェデマイヤー著 妹尾作太男訳 講談社
『コンサイス外国人名事典 第3版』相田重夫、荒井信一、板垣雄三、岡倉古志郎、岡部広治、土井正興、野沢豊監修 三省堂編修所編 三省堂
『第二次世界大戦 ヨーロッパ戦線ガイド』青木茂著 新紀元社
『第二次世界大戦 将軍ガイド』現代タクティクス研究会著 新紀元社
『別冊歴史読本 秘史 太平洋戦争の指揮官たち』新人物往来社
『パンツァー・フォー!』カール・アルマン著 富岡吉勝訳 大日本絵画
『鉄十字の騎士・騎士鉄十字章の栄誉を担った勇者たち』ゴードン・ウィリアムソン著 向井祐子訳 大日本絵画
『第二次大戦回顧録 抄』ウィンストン・チャーチル著 毎日新聞社編訳 中央公論新社
『海の友情』阿川尚之著 中央公論新社
『図解 日本陸軍歩兵』田中正人著 並木書房
『図解 ドイツ装甲師団』高貫布士著 並木書房
『図解 ソ連戦車軍団』斎木伸生著 並木書房
『大日本帝国の興亡1～5』ジョン・トーランド著 毎日新聞社訳 早川書房
『第2次大戦事典 1日誌・年表』ピーター・ヤング編 加登川幸太郎監修 千早正隆共訳 原書房
『第2次大戦事典 2兵器・人名』ピーター・ヤング編 加登川幸太郎監修 矢嶋由哉、石橋孝夫、大谷内一夫、藤井冬木、島岡潤平共訳 原書房
『参謀総長の日記 英帝国陸軍参謀総長アランブルック元帥』アーサー・ブライアント著 新庄宗雅訳 フジ出版社
『攻撃高度4000 ドイツ空軍戦闘記録』カーユス・ベッカー著 松谷健二訳 フジ出版社
ほか、多数の書籍およびWebサイトを参考としています。

編集……………………………………株式会社レッカ社
斉藤秀夫
畑尾嘉孝
安川渓
ライティング…………………………吉村次郎
野村昌隆
本文イラスト …………………………二見敬之
本文デザイン …………………………寒水久美子
DTP……………………………………Design-Office OURS

本書は、書き下ろし作品です。

編著者紹介

株式会社レッカ社（かぶしきがいしゃ れっかしゃ）

編集プロダクション、1985年設立。ゲーム攻略本を中心にサッカー関連、ファッション系まで幅広く編集制作する。代表作としてレトロバイブル、「大百科シリーズ」（宝島社）やシリーズ計600万部のメガヒット「ケータイ着メロドレミBOOK」（双葉社）などがある。現在「ジュニアサッカーを応援しよう！」を雑誌、ウェブ、ケータイ公式サイトで展開中。

PHP文庫　第二次世界大戦の「将軍」がよくわかる本

2008年5月21日　第1版第1刷

編著者　株式会社 レッカ社
発行者　江口克彦
発行所　PHP研究所
東京本部　〒102-8331　千代田区三番町3番地10
文庫出版部　☎03-3239-6259（編集）
普及一部　☎03-3239-6233（販売）
京都本部　〒601-8411　京都市南区西九条北ノ内町11
PHP INTERFACE　http://www.php.co.jp/
印刷所
製本所　図書印刷株式会社

ISBN978-4-569-67025-6